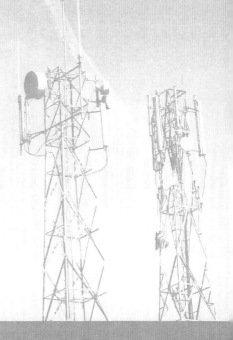

資訊通訊技術與
智慧製造

馬楠，黃育偵，秦曉琦 編著

崧燁文化

智 慧 製 造

前言

資訊通訊技術（Information Communication Technology，ICT）領域，尤其是行動通訊領域，是中國具有國際競爭力的領域之一。 21 世紀以來，資訊通訊技術在中國得到高速發展，使中國步入通訊強國的行列。

中國在行動通訊領域已經走出了一條「1G 空白、2G 跟隨、3G 突破、4G 同步、5G 引領」的創新之路。 5G 針對性地提出了三種應用場景：增強行動寬頻、大規模機器通訊和高可靠低時延通訊場景，除了滿足人的通訊需求外，更多的是考慮了機器通訊的需求。 廣義的 5G 網路將融合多類現有或未來的無線接入傳輸技術和功能網路，包括傳統蜂窩網路、認知無線網路（CR）、無線局域網（WiFi）、無線感測器網路（WSN）、可見光通訊（VLC）等。

資訊物理系統（Cyber-Physical Systems，CPS）是支撐資訊化和工業化深度融合的一套綜合技術體系。 本書作者嘗試從資訊與通訊工程學科的角度，分析資訊通訊技術與工業製造的結合方式，深入討論其推動智慧製造的發展模式，提出了 ICT 與 CPS 結合的技術體系架構。

本書基於三位作者在 ICT 領域的理論基礎以及在智慧製造領域的實踐經驗撰寫而成。 本書共分為 6 章，其中第 1 章、第 2 章由黃育偵編寫；第 3 章、第 6 章由馬楠編寫；第 4 章、第 5 章由秦曉琦編寫；馬楠負責完成了全書的統稿。 作者在此特別感謝北京郵電大學張平教授對本書的指導，三位作者均師從張平教授，他淵博的知識和在資訊通訊科技領域孜孜不倦的探索精神，鼓勵作者完成了這項艱巨的工作。 此外，北京郵電大學張治副教授提出了許多寶貴的建議，在此向他致以誠摯的謝意。 參與本書資料收集和整理的博士生、研究生均來自北京郵電大學無線新技術研究室，其中李曉夙、王凌鋒、李胥希、王妙伊、牛煜霞、周方圓參與了第3、6章工作；李世林、孟月、王紫荊、厲承林、賈澤坤參與了第 1、2 章工作；劉

龍、夏洋洋、朱葉青、項明均、黃舒晨參與了第 4、5 章工作。 在此一並表示感謝。

由於編寫時間倉促，難免會出現不足之處，敬請批評指正。

編著者

目錄

65　第 4 章　智慧製造中的工業互聯網

112　第 5 章　智慧製造中的工業大數據

142　第6章　智慧製造中的手機製造

第1章

智慧製造概述

1.1 智慧製造的背景

近年來，隨著科學技術的發展，特別是 5G 通訊技術、物聯網技術、人工智慧技術、量子加密技術等的大力推進，人類社會正在發生深層次的變革。而這些技術的發展，為推進新工業革命、加快製造業轉型奠定了強大的基礎。

a. 虛擬實境、人工智慧、增強現實已經慢慢深入人們的生活，互聯網與通訊技術的高度發展為人們生活帶來了很多便利，也進一步加速了科技的發展。

b. 越來越多功能強大、自主的微型電腦（嵌入式系統）實現了與其他微型電腦、感測器設備的互聯互通。

c. 物理世界和虛擬世界（網路空間）以資訊物理系統（Cyber Physical System，CPS）的形式實現了全方位的融合。

正是由於新科學技術的快速發展，以及人類面臨的多重挑戰，以智慧製造為主導的「第四次工業革命」應運而生。從圖 1-1 可看出，第四次工業革命與前三次工業革命有著本質的區別，其核心是物理資訊系統的深度融合。第四次工業革命旨在透過充分利用資訊通訊技術和網路空間虛擬系統相結合的手段，即資訊物理系統（CPS），實現傳統製造業的智慧化轉型。智慧製造（Intelligent Manufacturing，IM）是一種由智慧機器和人類專家共同組成的人機一體化智慧系統，它在製造過程中能進行智慧活動，諸如分析、推理、判斷、構思和決策等，透過人與智慧機器的合作共事，去擴大、延伸和部分地取代人類專家在製造過程中的腦力勞動。它把製造自動化的概念更新、擴展到柔性化、智慧化和高度集成化。

隨著全球產業結構的調整，各已開發國家及開發中國家正面臨著前所未有的挑戰和機遇。如何促進製造業的整體升級已成為一個挑戰，也深刻影響著國家經濟的發展。

目前，智慧化工業設備已成為全球製造業升級換代的基礎。因此，已開發國家總是把製造業升級作為新一輪工業革命的首要任務。美國的「再工業化」（工業互聯網）趨勢、德國的「工業 4.0」和「互聯工廠」策略、中國的「中國製造 2025」、日本的「產業重振計劃」以及韓國的「製造業創新 3.0」等國家的製造業轉型計劃，其目的不僅僅是傳統製造業的回歸，而且還伴隨著生產效率的提高和生產方式的創新。而其中最為典型的新工業發展，即德國的「工業 4.0」策略，更被視為新一輪工業革命

的代表。

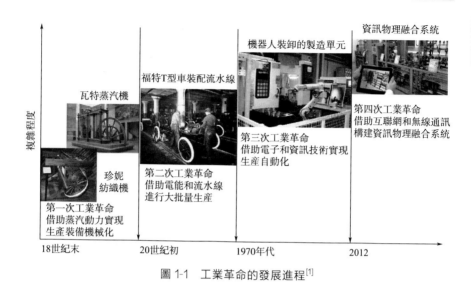

圖 1-1　工業革命的發展進程[1]

1.2　智慧製造的核心

1.2.1　從 ICT 視角看智慧製造

自 21 世紀以來，隨著行動互聯網、物聯網、大數據、雲端運算、人工智慧等新一代資訊通訊技術（ICT）的快速發展及應用，社會進入了「萬物互聯」時代，智慧製造被賦予了新的內涵，即新一代資訊技術條件下的智慧製造。

ICT 是資訊技術與通訊技術相融合而形成的一個新的概念和新的技術領域。近二三十年來，世界各國已成功地將 ICT 應用於生產製造中，利用 ICT 實現對工業生產全流程的監控與管理。接下來，我們主要針對新一代 ICT 所包含的行動互聯網、物聯網、大數據、雲端運算、人工智慧等技術對智慧製造所產生的作用作簡要的分析（在後續章節將對各部分內容展開詳細討論），進而闡明智慧製造與 ICT 之間的緊耦合關係。

（1）行動互聯網

行動互聯網（Mobile Internet）將行動通訊和互聯網結合起來，是互

聯網技術、平臺、商業模式和應用與行動通訊技術結合併實踐的活動的總稱。行動互聯網是網路通訊的補充，可以幫助打通資訊孤島和業務隔閡，實現資訊之間的無縫銜接。基於行動互聯的行動 APP，具有開放性介面、可兼容、易擴展的行動操作系統，是實現泛在智慧製造體系中人與人、人與物互聯的關鍵[2]。

（2）物聯網

物聯網（Internet of Things，IoT）是指透過各種資訊感測設備，即時採集任何需要監控、連接、互動的物體或過程等的資訊，與互聯網結合形成的一個巨大網路[3]。目的是實現所有物品與網路的連接，方便識別、管理和控制。物聯網產生大數據，大數據助力物聯網，從物聯網到大數據，再到智慧決策可以幫助實現智慧製造體系從感知到認知的過程。物聯網是產業互聯網的核心技術，在推動實現資訊物理系統（CPS）融合的同時，與雲端運算、大數據、人工智慧等技術相互結合，成為未來資訊社會的重要支柱。此外，車聯網、窄頻物聯網以及產業互聯網等新技術極大提升了物聯網在智慧製造體系中的應用價值。CPS 是一個以通訊和計算為核心的工程化物理系統，是計算、通訊和控制的融合（圖 1-2），具有很高的可靠性、安全性和執行效率，所有參與製造的設備和產品都可以相互交換資料，而且能實現跨越價值鏈的橫向集成。

圖 1-2　CPS 的核心組成

（3）雲端運算

雲端運算（Mobile Cloud Computing，MCC）作為計算領域的一種新模式，將計算功能、儲存功能和網路管理功能統一集中在「雲端」，如

資料中心、IP 骨幹網路、蜂窩核心網路[4]。近幾年來，計算領域的新趨勢是將雲端運算的功能不斷地遷移到邊緣網路。行動邊緣計算（Mobile Edge Computing，MEC）由歐洲電信標準協會在 2014 年提出，並被定義為一個無線接入網路中在行動使用者近端為其提供計算能力的邊緣節點，如基站或者接入點。霧運算（Fog Computing，FC）作為 MEC 概念的一般形式由 Cisco 公司提出，其中對邊緣設備的定義也更加廣泛了（從智慧手機到機上盒等）。據 Cisco 公司預測，到 2020 年，接入網際網路的 IoT 設備（如感測器、可穿戴設備等）會增加大約 50 萬億，這些設備大部分都是資源受限的，它們必須依賴 MCC 或者 MEC 來獲取足夠維持自己運行的各種資源[5]。計算領域中雲、霧、邊緣計算模式相互合作，可以為智慧製造系統提供無處不在的計算資源，是支撐智慧製造體系實現「柔性生產」的必要條件。

（4）大數據

大數據（Big Data）是需要新處理模式才能具有更強的決策力、洞察發現力和流程優化能力的海量、高成長率和多樣化的資訊資產[6]。隨著大數據的迅速發展與計算能力的不斷提升，各類學科越發期望透過一定的手段對多種資料展開分析，探勘這些資料中的有價值部分。當前，面對「萬物互聯」資訊時代網路中資料量、資料維度的暴增，要想全面把握研究對象的特徵，僅從單一維度對資料進行探勘，其結論的準確性和全面性已顯現不足。針對智慧製造體系中的海量異構資料，需引入多維視角對資料進行深度探勘。

（5）人工智慧

人工智慧（Artificial Intelligence）是研究、開發用於模擬、延伸和擴展人的智慧的理論、方法、技術及應用系統的新技術，對社會的影響極為深遠，在機器人、無人機、金融、農業、醫療、教育、能源、國防等諸多領域得到了較為廣泛的應用[7]。在電氣自動化領域中，人工智慧技術可以應用於電氣產品的設計，在增加產品設計精度的同時縮短設計時間，從而提高生產效率。在電氣控制環節，目前常用的人工智慧算法有神經網路控制與專家系統模糊控制。機器學習作為人工智慧研究的一個核心領域，它可以讓電腦透過訓練不斷提高自身性能，從而在未編程的前提下作出更合理的反應。現代機器學習是一個基於大量資料的統計學過程，試圖透過資料分析導出規則或者流程，用於解釋資料或者預測未來資料。因此，人工智慧的發展深度對智慧製造體系的「聰明」程度起著決定性作用。

1.2.2 ICT 與智慧製造的關係

　　智慧製造體系需要建立在數位化和資訊化之上，各行各業的資料只有充分共享和交換，才能實現資料價值的深度探勘。資訊孤島盛行、資料共享不足、感知和連接不足等是智慧製造當前所面臨的主要問題。雲端運算、物聯網、大數據、行動互聯網等新 ICT 能有效地解決智慧製造體系中所面臨的各類問題。圖 1-3 表示了智慧製造體系中各個環節與 ICT 之間的關係。

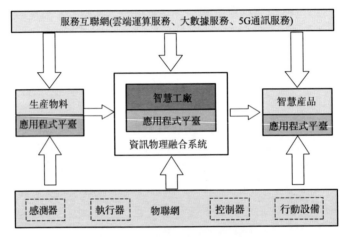

圖 1-3　智慧製造與 ICT 的關係

　　具體地，以基於城市消費的智慧製造體系為例，進一步直觀地闡述 ICT 與智慧製造的關係（圖 1-4）。在示例中，物聯網、行動互聯網及其他服務類網路，透過有線、無線等通訊組網手段，將人與人、人與物、物與物之間互相連接，實現工業環境資訊、購物資訊、個人客製資訊的互聯互通。要實現資訊的互聯互通以及進一步流轉融合，上述各類異構網路之間必須可以進行跨行業、跨平臺、跨應用的無縫融合。異構網路融合除了實現資料資訊的互聯互通，在分布式環境中還需要透過協議算法執行可信管理和協同控制通訊資源、計算資源和儲存資源，以達到高效資源利用與異構網路融合的目的，實現通訊、計算、儲存的三重融合，從而為智慧製造體系中各個環節提供所需的計算能力與儲存能力。

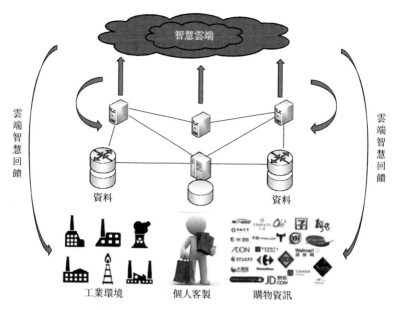

圖 1-4　基於城市消費的智慧製造體系

　　智慧雲端透過人工智慧、資料探勘、資訊處理等技術,對在網路環境中所感知到的海量異構資料進行準確提取與綜合分析,獲取普適性知識並對知識加以智慧應用。智慧雲端從離散的異構資料中抽取攜帶語義資訊的可用知識,建立資料空間到知識空間的複雜映射關係,透過聯想、聚合、推理等資訊處理方法,實現知識驅動、知識支配型智慧製造體系。智慧雲端的搭建必須以多學科理論為研究基礎,涉及分布式決策與合作、知識表示與編碼、符號邏輯與語義推理、模式識別等眾多理論與實踐問題;同時,還包含多學科交叉引發的新型科學問題,包括泛在知識融合與演進、業務及網路回饋控制互動認知等問題。

1.3　智慧製造的內涵與特徵

1.3.1　智慧製造的定義

　　智慧製造的發展大致可分為三個階段:起始於 1980 年代人工智慧在製造業領域的應用,發展於 1990 年代智慧製造技術和智慧製造系統的提

出，成熟於 21 世紀以來新一代資訊與網路技術的發展與應用。智慧製造將人工智慧技術、資訊網路技術和生產製造技術應用於產品管理和服務的全過程，並能在產品的製造過程中進行分析、推理和感知，以滿足產品的動態需求。它也改變了製造業的生產方法、人機關係和商業模式。因此，智慧製造不是簡單的技術突破，也不是傳統產業的簡單轉換，而是資訊技術與製造業的深度融合。

什麼是智慧製造？目前學術界的主流觀點是：智慧製造（Intelligent Manufacturing，IM）是由智慧機器和人類專家組成的人機集成智慧系統。它可以在製造過程中執行智慧活動（如分析、推理、判斷、概念和決策），透過人與智慧機器的合作，將擴大、擴展和部分取代製造過程中人類專家的腦力工作。當前，儘管中中國外對於智慧製造有著不同的定義，但是其核心內容大體一致。

2011 年 6 月，美國智慧製造領導力聯盟（Smart Manufacturing Leadership Coalition，SMLC）發表了《實施 21 世紀智慧製造》報告，指出智慧製造是應用先進的智慧系統來加強應用、新產品的快速製造、對產品需求的動態響應以及工業生產和供應鏈網路的即時製造。其核心技術有網路感測器、資料互操作性、多尺度動態建模與仿真、智慧自動化和可擴展的多層網路安全。將工廠的所有生產集成到供應鏈，並在整個產品生命週期內實現對固定資產、過程和資源的虛擬追蹤。其結果將提供一個靈活、創新的製造環境，並將業務和製造過程有效地連接在一起。

智慧製造的概念最先是由德國提出來的，並引起了全世界的關注。2013 年 4 月，德國在《保障德國製造業的未來——關於實施工業 4.0 策略的建議》報告中提出了「工業 4.0」策略，並指出「工業 4.0」是以「智慧製造」為代表的先進生產製造體系。明確了智慧製造是基於物聯網、大數據、雲端運算等資訊技術，透過多維度資訊、資料的採集與分析，構建全流程整體模型，並自主地辨識與修正，即時驗證、監控生產系統，使其實現智慧、優化地自主運行的智慧化資訊物理融合系統[8]。

2015 年中國工業和資訊化部公布的「2015 年智慧製造試點示範專項行動」中，智慧製造被定義為新一代的資訊技術，它貫穿於設計、生產、管理和服務等生產活動的各個方面。它擁有先進的製造工藝、系統和模型，包括資訊自我意識、智慧優化、自我決定和精確控制。一般來說，以智慧工廠為載體，以關鍵製造環節智慧化為核心，以端到端資料流為基礎，以網路互聯為支撐，可以有效縮短產品開發週期、降低營運成本、提高生產效率、改進生產工藝、提高產品品質、降低能源消耗。

　　透過總結上述不同的認知，智慧製造的定義可以概括為：基於新一代資訊技術，產品整個生命週期以製造系統為載體，在關鍵環節或過程中，具有一定自主性的感知、學習、分析、決策、溝通和協調控制能力，並能動態適應製造環境的變化，從而達到優化目標。總的來講，智慧製造是可持續發展的製造模式，它旨在利用電腦建模和仿真以及資訊和通訊技術的巨大潛力，優化產品的設計和製造過程，盡量減少材料和能源的消耗以及各種廢物的產生。其目的是根據用戶需求，利用 ICT 技術、人工智慧技術實現生產資料的重新配置。一個典型的智慧製造生態系統如圖 1-5 所示。

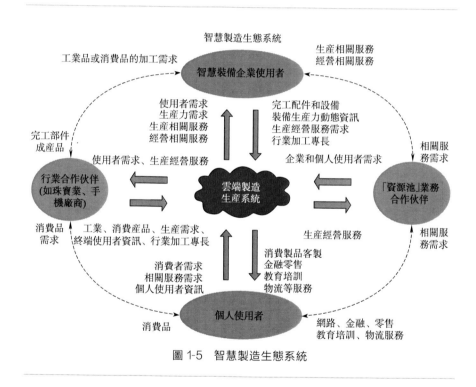

圖 1-5　智慧製造生態系統

　　透過上述定義與內涵分析，智慧製造的主要特徵包括以下幾方面。

　　① 生產過程高度智慧　智慧製造可以自我感知生產過程中的周圍環境，即時收集和監控生產資訊。智慧製造系統中的各個組成部分都能夠根據具體的用戶需求，可以自我組成柔性化的最佳結構，並根據具體工作需要以最佳方式進行自組織，以配置的專家知識庫為基礎，在生產實踐過程中不斷更新與完善知識庫。當系統發生故障時，具有自我診斷和修復能力。總之，智慧製造能夠對庫存水準、需求變化和運行狀態作出

反應，實現生產全過程的智慧分析、推理和決策。

② 資源的智慧優化配置　開放性、資源共享性、資訊互動性是通訊網路的基本屬性。資訊技術與製造技術相結合所產生的智慧化、網路化生產製造，可以實現跨地區、跨區域的資源重配置，突破了原有的時間、空間上的生產邊界。製造業、產業鏈上的研發企業、製造企業和物流企業可透過網路連接實現資訊共享，可以在全球範圍內開展動態資源整合，生產材料和零部件可隨時隨地送到需要的地方。

③ 控制系統化　基於數位技術的智慧製造，透過結合知識處理、智慧優化和智慧數控加工方法，確保整個製造系統的高效穩定運行，保證生產製造的效率。與傳統製造系統相比，智慧製造系統處理對象是系統的知識而不是資料，系統處理方法是智慧、靈活化的，建模的方式是智慧數學的方法［而不是經典數學（微積分）的數學方法］。近年來，以智慧數學為基礎的研發方法有專家系統、賽局論、模式識別、多值邏輯、定性推理、資料探勘、網格計算等多種智慧方法。這些方法重新組合形成了新的計算方法，智慧數學方法體系的建立仍是未來智慧製造研發的重點。

④ 產品高度智慧化、個性化　智慧製造產品透過內置感測器、控制器和儲存器等技術具有自我監測、記錄、回饋和遠端控制功能。在運行過程中，智慧產品可以監控自身狀態和外部環境，記錄生成的資料，對運行過程中產生的問題自動回饋給用戶，確保用戶對整個產品的全生命週期進行控制和管理。產品智慧化設計系統是根據消費者的需求而設計的，使得消費者在線參與生產製造的全過程成為現實，極大地滿足了消費者的個性化需求。製造生產從先生產後銷售轉變為客製後銷售，可主動避免產能過剩。

1.3.2　智慧製造與傳統製造的區別

智慧製造系統和傳統製造系統相比具有以下幾個特點。

(1) 高效自治

自治能力是智慧製造系統的一個重要象徵性特徵，包括自學習、自組織、自我維護和其他能力。智慧製造系統有能力收集和理解環境資訊和自己的資訊、分析判斷和規劃自己的行為；智慧製造系統中的各個組件具備根據工作任務的需要和按照最佳方式運行的自組織能力，可進一步組裝成超靈活的優化結構。系統的知識庫在原有專家知識的基礎上不斷研究和完善，具有對系統故障進行自診斷、排除和修復的自我維護能

力。例如，在德國「工業 4.0」實施方案中，CPS 幫助智慧工廠自我管理，實現生產的客製和個性化。CPS 不僅可以實現生產的自我管理，還可以實現維護的自我管理。

（2）自律能力

智慧製造具有收集和理解環境資訊與自身資訊的能力，並對自己的行為進行分析、判斷和規劃。一個強大的知識基礎和知識模型是自律的基礎。典型的智慧製造系統可以根據周圍環境和自身的運行狀況監控和處理資訊，並根據過程的結果調整控制策略以採用最佳的運行計劃。這種自律使整個製造系統具有抗干擾適應性和容錯性。

（3）自學習和自維護能力

智慧製造系統基於原有的專家知識，可以在實踐中不斷學習，改進系統的知識庫，刪除不適用於知識庫的知識，使知識庫更加合理；同時，可以對系統故障進行自診斷、排除和修復。這一特性使智慧製造系統能夠自我優化並適應各種複雜的環境。

（4）人機一體

智慧製造系統不僅是一個人工智慧系統，而且是一個人機一體化系統，是一種混合智慧。人機一體化突出了人在製造系統中的核心地位，在智慧機器的協調下更好地發揮了人的潛力，使人與機器展現出一種平等的工作狀態，相互理解和相互合作，讓兩者展現自身特有的能力，並在不同層次上相互配合。虛擬製造技術已經成為實現高層次人機集成的關鍵技術之一。新一代具有人機介面的智慧介面透過虛擬手段實現了對現實的智慧表達，這是智慧製造的顯著特徵。

（5）網路集成

智慧製造系統強調所有子系統的智慧化，同時更加關注整個製造系統的網路化集成。這是智慧製造系統與傳統「智慧島」在製造過程中的特定應用之間的根本區別。智慧製造的第一個特點展現在智慧生產系統的縱向一體化和網路化。網路化生產系統利用 CPS 實現訂單需求、庫存水準變化和突發故障的快速響應。生產資源和產品透過網路連接，原材料和零部件可隨時寄到需要它們的地方。生產過程中的每個環節都會被記錄下來，並且系統會自動記錄每個錯誤。智慧製造的另一個顯著特點是價值鏈的橫向一體化。與生產系統網路類似，全球或本地價值鏈網路透過 CPS 連接，包括物流、倉儲、生產、行銷和銷售，甚至下游服務。任何產品的歷史資料和追蹤都有詳細記錄，就好像該產品具有記憶功能一樣。這創建了透明的價值鏈——從採購到生產再到銷售，或從供應商

到企業到客戶。客製不僅可以在生產階段實現，還可以在開發、訂單、計劃、組裝和分銷中實現。

（6）虛擬實境

這是虛擬製造的支撐技術，也是實現高層次人機一體化的關鍵技術之一。新一代智慧人機介面與人機互動相結合，使虛擬手段能夠真實地表達現實，這是智慧製造的一個顯著特徵。綜上所述，可以看出，智慧製造系統是一種集成自動化、柔性化、集成化、智慧化的先進製造系統。

1.3.3　智慧製造面臨的挑戰

隨著智慧製造系統的逐漸發展和應用，其所面臨的挑戰也應運而生，主要展現在以下幾方面。

（1）異構異質系統的融合

智慧製造系統利用資訊物理系統（CPS）實現價值鏈水準集成化和網路化。當前存在的問題是傳統工業自動化系統中不同技術的發展相對分散，雖然某些既定標準已被用於各種技術學科、專業協會和工作組，但是這些標準之間缺乏協調。目前，不同工業互聯網路之間存在著嚴重的異構問題，導致資源難以得到有效利用。異構性是指不同類型網路之間的（如互聯網、感測器網路、RFID、工業乙太網等）高品質互聯互通問題。異質性是指不同公司生產的硬體設備與不同功能之間互不兼容的問題。這需要從感測器、資料卡開始，從資料採集點到整個網路、雲端平臺、資料中心、全連接，統一架構以及標準化介面。這需要一套新的國際技術標準來實現大規模嵌入式設備之間的互連並連接到虛擬世界。

解決異構異質系統融合的關鍵在於標準化的形成。這需要從不同層面積極推動智慧製造的各國政府、不同領域的產業技術創新組織、跨國公司和廣泛的中小企業共同參與，將已有的標準（如在自動化領域的工業通訊、工程、建模、IT 安全、設備集成和數位化工廠等的標準）納入全新的全球參考體系中。這項工作具有高度的複雜性，是智慧製造發展面臨的一大挑戰。

（2）複雜大系統管理

在現代管理中，為了降低管理的成本或開銷，我們通常可以建立模型來模擬解決實際存在的或者假想的管理問題。比如產品、製造資源或

整個製造系統，又如不同企業和組織之間的業務流程等管理方面的問題。

　　在智慧製造時代，基於模型模擬使用標準的方式來配置和優化生產資源和製造工藝對於企業是一個重大挑戰。主要原因在於智慧製造系統變得越來越複雜，由於功能增加、產品用戶特定需求多樣化、交付要求頻繁變化、不同技術學科和組織的交叉融合，以及不同公司之間合作形式變化迅速，很難開發一套穩定且具有極強適應性的管理模型。另外，開發新的管理系統模型的成本也較高。智慧製造系統在建立初期階段就需要建立明確的管理模型，這一階段需要較高的資金支出。在高產量行業（如汽車行業）或有嚴格安全標準的行業（如航空電子行業），公司更有可能接受較高的初期投入。

　　（3）高品質高容量網路基礎設施

　　由於智慧製造系統對於資料傳輸的時延、資料互動的可靠性、服務品質的多樣化都有著極高的要求，因此大容量、可擴展、低時延的高品質資料交換網路技術與基礎設施是實現智慧製造的基礎。隨著製造業資訊化程度越來越高，工業生產相關的資料正呈現出爆發式的成長態勢。各種設備和儀器產生的海量資料也增加了對資訊處理的要求。高運行可靠性、資料鏈路可用性以及時延保證和穩定連接是智慧製造的關鍵，因為它們直接影響應用程式的性能。

　　高品質高容量網路技術開發和基礎設施建設是智慧製造面臨的又一個挑戰。這種挑戰主要表現在幾個方面：一是工業領域寬頻的基礎架構過去並不是面向大數據的，大量機器與機器、設備與設備等資料的收集、傳輸、互動等，對工業領域寬頻基礎架構提出了更大的挑戰。二是要實現基於資料驅動的端到端全生命週期，需要更大範圍、更大維度的資訊交流，對於異構異質網路的資訊交流是一大挑戰。三是網路的複雜性和成本控制的挑戰。智慧製造網路不僅需要高速、頻寬、簡單、可擴展、安全，還需要低成本，不明顯增加現有製造產品和服務的開銷。網路需要綁定可靠的 SLA（服務水準協議）；支持資料鏈路調試/追蹤，尤其是提供相關的技術援助；提供廣泛可用/有保證的通訊容量（固定/可靠的頻寬）；廣泛使用的嵌入式 SIM 卡；所有行動網路營運商之間的簡訊傳遞狀態通知；標準化的應用程式編程介面（APIs）的配置，涵蓋所有供應商（SIM 卡啟用/停用）；行動服務合約的成本控制；負擔得起的資料全球漫遊通訊費用等。

　　（4）資料傳遞通道與即時互動

　　多節點互動、監控和控制，以及跨行業、跨域、跨產品和其他多場

景需求，需要建立新的、系統的、統一的協議標準。除了整體架構和基本物聯網外，至少同行業（領域）開始細化並建立統一的標準。此外，當前的網路資源顯然不能支持智慧製造的實際要求，無論是來自頻寬（即時資料容量）、時延還是網路速度等要求。將智慧製造和未來 5G 網路結合，是解決這一問題的前景方向。

(5) 資料模型的多場景創建與打通

未來，智慧製造系統中涉及的資料採集、儲存、分配，模型設計，規則創建與利用等各環節，都與連接、控制和自動化密切相關。這意味著生產製造過程中將產生大量的資料，而如何利用好資料進行多場景的建模與仿真是實現智慧製造的基礎。因此，不同場景、不同模式下的資料模型建立與打通是智慧製造面臨的一大挑戰。

(6) 系統安全

智慧製造系統涉及高度網路化的系統結構，涉及大量人員、IT 系統、自動化組件和機器資訊等元素。這意味著更多的人參與了整個價值鏈。開放性的網路環境和潛在的第三方訪問意味著智慧製造系統將面臨一系列新的安全問題。因此在智慧製造中，必須考慮到資訊安全措施（加密程式或認證程式）對生產安全性的影響（時間關鍵功能、資源可用性）。

智慧製造安全性的挑戰主要表現在兩個方面。首先，現有的工廠需要升級網路安保技術和措施，以滿足新安全需求的挑戰。但是，傳統的機械裝備壽命較長，原有的很多設備並不具備可靠的網路連接功能，升級改造非常困難。同時，企業內部生產系統與某些外部的陳舊基礎設施很難聯網，安全性的保障也很困難。其次，要為新的工廠和機器制定解決方案的挑戰。企業界目前缺乏完全標準化的操作平臺，以實施足夠的安保解決方案。滿足資訊物理系統（CPS）安全的技術和標準化平臺開發本身也充滿挑戰。

1.3.4 智慧製造的未來發展趨勢

智慧製造是在 1980 年代後期發展起來的。1988 年，美國紐約大學的懷特教授與卡內基美隆大學的布恩教授正式出版了智慧製造研究領域的首本專著《智慧製造》，就智慧製造的定義、內涵與前景進行了系統性描述。隨後，英國技術大學威廉姆斯教授就智慧製造的定義進行了完善與補充。當前，已公開的專著所描述的智慧製造局限於解決設計和製造生產過程中所面臨問題的方案。特別是在現今的眾多工業化國家，人工智

慧已被用作解決現代工業所面臨問題的工具和解決方法。因此，這些專著僅側重於人工智慧在製造業中的應用，以及智慧系統的研究和應用中提出的問題的解決方案。未來智慧化將展現到整個生產製造全生命週期的各個環節，如產品設計、系統設計、自動化製造系統規劃與調度（管理）等。

　　與現有製造系統相比，智慧製造系統在體系結構上存在著根本性差異，具體展現在兩個方面：一是採用開放式系統設計策略。其基本思想是透過電腦網路技術，實現製造資料和製造知識的共享，保證製造系統生產全過程中的視覺化、生產資源的可重配。這是將電腦與資訊技術領域的先進設計和開發思想融入製造系統中的結果，從而使製造系統朝著擬人化的方向發展。二是採用分布式多智慧體智慧系統設計策略。其基本思想是使製造系統中的某些組件或子系統具有一定的自治性，從而形成具有完全功能的封閉的自代理。這些自組織形式的網路智慧節點連接到通訊網路上，每個智慧節點在物理上是分散的、在邏輯上是等價的，透過各節點的協同處理和合作，完成了製造系統的任務，實現了製造業中人的知識的核心地位。

　　隨著 ICT 與人工智慧技術的快速發展，相關國家都在積極研究智慧化對於工業生產製造的影響，搶占智慧製造領域的制高點。當前，智慧製造正處於初級發展階段，各相關技術、標準、應用等還未成熟。

參考文獻

［1］ 張曙. 工業 4.0 和智慧製造. 機械設計與製造工程，2014，43（8）：1-5.

［2］ 張宏科，蘇偉. 行動互聯網技術. 北京：人民郵電出版社，2010：164.

［3］ 劉雲浩. 物聯網導論. 北京：科學出版社，2011：378.

［4］ 劉鵬. 雲端運算. 北京：電子工業出版社，2010：270.

［5］ Mao Y, You C, Zhang J, et al. A survey on mobile edge computing: The communication perspective. IEEE Communications Surveys & Tutorials，2017，19（4）：2322-2358.

［6］ 涂子沛. 大數據. 桂林：廣西師範大學出版社，2012：334.

［7］ 尼爾森. 人工智慧. 鄭扣根，等譯. 北京：機械工業出版社，2003：317.

［8］ 麥綠波，徐曉飛，梁昫，等. 智慧製造標準體系構建研究. 中國標準化，2016，（10）：101-108.

第2章

智慧製造中的
通訊網路

2.1 第五代行動通訊系統

2.1.1 概述

與前幾代行動通訊技術相比，第五代行動通訊技術（5G）的業務能力變得更加豐富，並且由於場景多樣化的需求，5G 不再像以往一樣單純地強調某種單一技術基礎，而是綜合考慮 8 個技術指標：峰值速率、用戶體驗速率、頻譜效率、行動性、時延、連接數密度、網路能量效率和流量密度。

與現有 4G 相比，隨著用戶需求的增加，5G 網路應重點關注 4G 中尚未實現的挑戰，例如容量更高、資料速率更快、端到端時延更低、開銷更小、大規模設備連接和始終如一的用戶體驗品質等。圖 2-1 中展示了不同應用場景下不同的技術指標要求[1]。其中，在未來 5G 網路中，預計空口時延將小於 1ms，端到端時延小於 10ms，低時延高可靠的網路場景在智慧家居、智慧醫療、智慧車聯、智慧城市、安全營運、自動化生產等方面具有廣泛的應用前景。

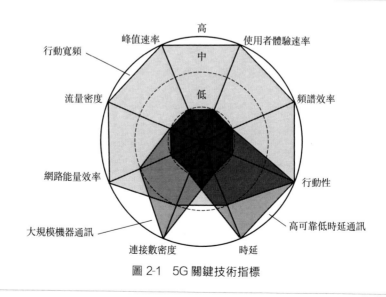

圖 2-1　5G 關鍵技術指標

早在全球部署第四代行動通訊系統時候，5G 的研發就已經成為業界

關注的焦點。制定全球統一的 5G 標準是當前的主要任務。如圖 2-2 所示[2]，國際電信聯盟（ITU）於 2016 年開展了 5G 技術性能需求和評估方法的研究，並且於 2017 年底啓動 5G 候選方案徵集。其中，3GPP 主要負責 5G 國際標準技術內容的制定工作。3GPP Rel-14 階段是啓動 5G 標準的最佳時期，Rel-15 階段對 5G 標準工作項目進行啓動，Rel-16 及以後將進一步完善和增強 5G 標準。而中國已經開始進行了 5G 技術的研究，並在 IMT-2020（5G）推進組的組織下，已經完成了第一階段無線測試規範的制定工作。

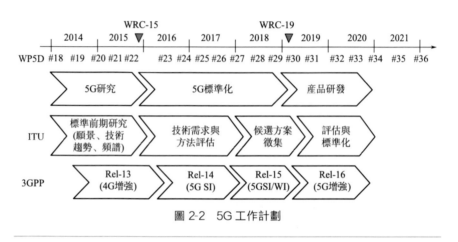

圖 2-2　5G 工作計劃

目前，5G 網路已經被視為萬物互聯的基礎（即物聯網），因為所謂的物聯網將包含數十億個感測器、應用程式、安全系統、健康監視器、智慧手機、智慧手錶等設備。5G 的目標是在大範圍覆蓋時達到每秒 100 兆、局部甚至達到每秒吉比特的速率。與以往行動通訊技術相比，5G 會更加滿足多樣化場景需求，如 5G 將滲透到物聯網等領域，與工業設施、農業器械、醫療儀器、交通工具等深度融合，全面實現萬物互聯，有效滿足工業、醫療、交通等垂直行業的資訊化服務需要。

2.1.2　5G 網路架構

一個可能的 5G 網路架構如圖 2-3 所示。在 5G 網路架構中，透過引入軟體定義網路（SDN）和網路功能虛擬化（NFV）等技術，達到控制功能和轉發功能分離的目的；同時透過網元功能和物理實體的解耦，來實現即時感知和調配多類網路資源，以及按需提供和適配網路連接和網

路功能。此外，為了增加接入網和核心網的功能，接入網透過提供多種空口技術形成複雜的網路拓撲，支持多連接、自組織等方式；而核心網則進一步下沉轉發平面、業務儲存和計算能力，從而實現對差異化業務的更高效的按需處理。

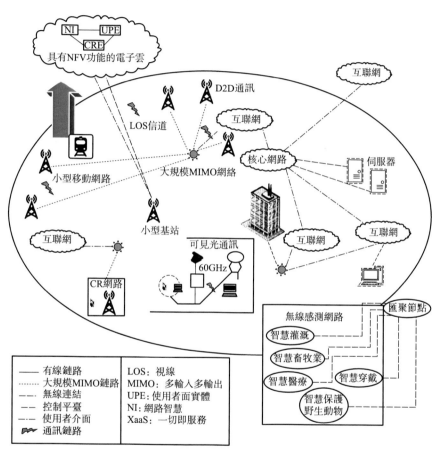

圖 2-3　5G 網路架構

　　在 5G 網路架構中的技術支撐下，可以將網路架構大致分為控制、接入和轉發平面。控制平面的主要目的是透過重構網路功能，來實現集中控制功能和全局調度無線資源功能；接入平面內包含多類基站和無線接入設備，主要用於實現無線接入的協同控制和提高資源利用率；轉發平面包含分布式網關並集成內容緩存和業務流加速等功能，透過統一管理控制平面，從而有效地提升資料轉發效率和路由靈活性。5G 網路靈活

的、可擴展的網路架構，能夠根據需求進行組網，並能夠涵蓋不同行業用戶以及開展多種業務類型，在智慧醫療、智慧生產、工業設備檢測等方面都能發揮突出的作用。

2.1.3 5G 主要應用場景

在未來，5G 將解決各種應用場景中差異性能指標的挑戰。不同應用場景面臨的性能挑戰是不同的。用戶體驗率、流量密度、時間延遲、能源效率和連接數量都是不同情景下具有挑戰性的目標。

國際電聯在國際電信聯盟舉行的第二十二屆 ITU-RWP5D 會議上，對未來 5G 確定了三種主要應用場景：增強型行動寬頻通訊、高可靠低時延通訊、大規模機器類通訊，如圖 2-4 所示。主要應用包括 Gbps 行動寬頻資料接入、智慧家庭、智慧建築、語音通話、智慧城市、三維立體影片、超高清晰度影片、雲端工作、雲端娛樂、增強現實、工業自動化、緊急任務應用、自動駕駛汽車等。

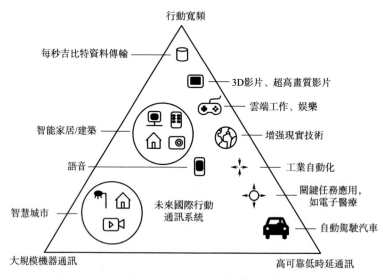

圖 2-4　5G 三大應用場景

後來，IMT-2020（5G）從行動互聯網和物聯網的主要應用場景出發，以及從業務需求和挑戰入手，將 5G 應用歸納為四個主要技術場景：連續廣域覆蓋、熱點高容量、低功耗大連接和低時延高可靠場景（與 ITU 的三大應用場景基本一致）。

（1）5G 主要技術場景

① 連續廣域覆蓋場景　它是行動通訊最基本的覆蓋模式，旨在確保用戶行動性和業務連續性，並為用戶提供無縫的高速業務體驗。這種情況的主要挑戰是隨時隨地為用戶提供超過 100Mbps 的用戶體驗速率，包括小區邊緣、高速移動和其他惡劣環境。

② 熱點高容量場景　它主要聚焦於本地熱點，為用戶提供極高的資料速率並滿足網路的高流量密度要求。1Gbps 用戶體驗率、10Gbps 峰值速率和 10Tbps/km^2 流量密度需求是在這種情況下面臨的主要挑戰。

③ 低功耗大連接場景　主要以智慧城市、環境監測、智慧農業、森林防火等感測與資料採集為應用場景的目標，具有小包、低功耗、大容量連接等特點。這種終端範圍廣，數量眾多，不僅要求網路具備數千億連接的支持能力，滿足 100 萬/km^2 連接的數量密度要求，而且還要保證終端的超低功耗和超低成本。

④ 低時延高可靠場景　主要面向車聯網、工業控制等垂直行業的特殊應用需求。這種應用對時間延遲和可靠性有極高的要求，需要提供毫秒級的端到端延遲，並為用戶提供接近 100％的服務可靠性保證。

連續廣域覆蓋和熱量高容量場景主要滿足未來行動互聯網業務的需求，這也是傳統 4G 的主要技術場景。低功耗大連接和低時延高可靠場景主要面向物聯網服務，這是 5G 的新發展景象，旨在解決傳統行動通訊不能支持物聯網和垂直行業的應用問題。

（2）5G 技術場景與關鍵技術的關係

4 個典型的 5G 技術場景，如連續廣域覆蓋、熱點容量、低功耗與大連接、低時延與高可靠性等，都有不同的挑戰要求。考慮到不同技術共存的可能性，有必要選擇關鍵技術的組合來滿足這些要求。

① 連續廣域覆蓋場景　由於有限的站點和頻譜資源，為了滿足 100Mbps 的用戶體驗速率要求，除了需要盡可能多的低頻段外，還要大幅度提高系統的頻譜效率。其中，大規模天線技術是最重要的關鍵技術之一。另外，新的多址技術也可以與大規模天線技術結合，進一步提高系統的頻譜效率和多用戶接入能力。

② 熱點高容量場景　集成了各種無線接入能力和集中式網路資源合作和 QoS 控制技術，為用戶提供穩定的上網保證。在熱點高容量的場景中，高用戶體驗率和高流量密度是這一場景的主要挑戰。超密集網路可以更有效地重用頻率資源，大大提高單位面積內的頻率重用效率；全頻

譜接入可以充分利用低頻和高頻的頻率資源達到更高的水準。另外，大規模天線和新多址技術與超密集網路、全頻譜接入技術的結合可以進一步提高系統的頻譜利用效率。

③ 低功耗大連接場景　大規模設備連接、超低終端功耗和低成本是這一場景下所面臨的主要挑戰。新多址接入技術可以透過多用戶資訊的疊加傳輸來提高系統的設備連接性，並且可以透過自由調度傳輸有效降低信令開銷和終端功耗。F-OFDM 和 FBMC 等新型多載波技術可靈活使用碎片化頻譜，支持窄頻和小數據包組，在降低功耗和成本方面具有顯著優勢。另外，終端直接通訊（D2D）可以實現終端節點之間的直接互聯互通，有效避免了基站的長距離傳輸，從而可以有效降低功耗。

④ 低時延高可靠場景　應盡可能減少傳輸時延、網路轉發時間和重傳機率，以滿足極高的時延和可靠性要求。為此，需要採用更短的幀結構和更優化的信令互動過程，透過引入支持免調度的新型多址和 D2D 技術，以減少信令互動和資料傳輸，並使用更先進的調制編碼和重傳機制來提高傳輸可靠性。另外，在網路架構中，控制雲可以透過優化資料傳輸路徑，控制業務資料靠近轉發雲和接入雲邊緣，有效降低網路傳輸時延。

2.1.4　5G 關鍵技術

（1）大規模多天線

大規模多天線的概念，是貝爾實驗室的 Thomas 於 2010 年年底提出的[3]。大規模多天線，也稱大範圍多入多出技術和大範圍天線系統，是一種多入多出（Multiple Input and Multiple Output，MIMO）的通訊系統，在基站側的天線數量遠多於終端的天線數量，並且為了實現終端訊號的高速傳輸，建立了極大數量的頻道；另外可透過大規模天線簡化 MAC 層的設計，來進一步降低資料傳輸的時延。

在 5G 無線通訊系統中，大規模多天線技術應用場景如圖 2-5 所示。在 5G 的大規模多天線技術場景下，宏蜂窩與微蜂窩兩種小區共存，網路可以為同構網路，也可以為異構網路，場景分為室內和室外兩種。根據已有研究表明，70％的陸地行動通訊系統中的資料傳輸業務來源於室內。因此，大規模多天線系統的傳輸鏈路可以分為宏小區基站對室內、室外用戶，微小區基站對室內、室外用戶。同時微小區也可以作為中繼基站進行傳輸，傳輸鏈路也包括從宏小區基站到微小區基站。

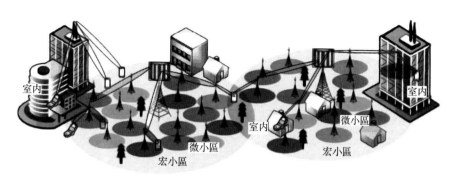

圖 2-5　大規模多天線技術應用場景

很多營運商使用 MIMO 技術來實現 WiFi 和 LTE 容量的最大化，而 Massive MIMO 正是基於這種技術的又一種創新，不僅有助於提供大連接，還允許營運商利用其現有的站點和頻譜來滿足指數級成長的業務資料需求，可以滿足智慧製造過程中產生的工業大數據共享對行動通訊傳輸速率的需求。

（2）毫米波通訊

毫米波通常是指波長為 1～10mm（頻率 30～300GHz）的電磁波，介於公分波與光波之間。以毫米波作為傳輸資訊的載體進行的通訊，稱為毫米波通訊。毫米波通訊分為毫米波波導通訊和毫米波無線電通訊兩大類。毫米波無線電通訊又可分為地面無線電通訊和空間無線電通訊。毫米波波導通訊是以圓波導傳送 30～120GHz 電磁波的通訊。毫米波通訊主要具有以下三個特徵。

① 穿透能力強　由於毫米波的波長介於微波和光波之間，因此它同時具備了微波和光波的某些特點。毫米波在傳輸過程中受雜波影響比較小，因此對雲、霧、煙和塵埃的穿透能力很強；另外對於等離子體和惡劣環境等有較強的穿透能力，通訊比較穩定。

② 天線尺寸小、波束窄　毫米波通訊設備的體積很小，可採用比微波小得多的天線，使用小尺寸的天線獲得很高的方向性、空間解析度，並且增益大。毫米波的波束窄、方向性強，從而能夠很好地避免線路間的干擾。因此，能夠使傳輸品質提高，且有較強的反偵察能力，安全保密性好。

③ 可用頻頻寬、資訊容量大　毫米波的傳輸頻帶很寬，其頻段是無線電短波、超短波和微波頻段總和的十幾倍。由於載頻很高，瞬時射頻

頻寬可以做得很寬，因此通訊容量很大。毫米波通訊資訊容量約比微波大 10 倍，因此可用於多路通訊和電視圖像傳輸；而且傳輸速率高，有利於實現低截獲機率通訊，如擴頻通訊和跳頻通訊。另外，高損耗頻率也可以用於軍用保密通訊和衛星通訊。

由於毫米波的頻率很高，波長很短，這就意味著其天線尺寸可以做得很小，這是部署小基站的基礎。可以預見的是，未來 5G 行動通訊將不再依賴大型基站的布建架構，大量的小型基站將成為新的趨勢，它可以覆蓋大基站無法觸及的末梢通訊。5G 網路不僅能夠為智慧手機用戶提供服務，而且能夠在無人駕駛汽車、VR 以及物聯網等領域發揮重要作用。

(3) 全雙工技術

全雙工（Full Duplex，FD）技術也被稱為同時同頻全雙工（Co-frequency Co-time Full Duplex，CCFD）技術，是 5G 關鍵空中介面技術之一。透過全雙工技術，通訊終端設備可以在同一時間、同一頻段發送和接收訊號，與傳統的 TDD 或 FDD 模式相比，在理論上能夠提高一倍的頻譜效率，此外還能有效地降低傳輸時延和信令開銷[4]。由於收發天線的距離較近，並且有較大差異的收發訊號功率，使得其自干擾會對訊號的接收產生極大的影響。因此，全雙工技術的核心問題是如何有效地抑制和消除自干擾的影響。

目前在全雙工系統中，消除自干擾的主要方法是物理層干擾消除法，包括天線自干擾消除方法、模擬電路域自干擾消除方法以及數位域自干擾消除方法。天線自干擾消除方法主要依靠增加收發天線間損耗，包括分隔收發訊號、隔離收發天線、天線交叉極化、天線調零法等；模擬電路域自干擾消除方法主要包括環形器隔離，透過模擬電路設計重建自干擾訊號並從接收訊號中直接減去重建的自干擾訊號等；數位域自干擾消除方法主要依靠對自干擾進行參數估計和重建後，從接收訊號中減去重建的自干擾來消除殘留的自干擾。全雙工終端自干擾消除方法的原理如圖 2-6 所示。

(4) 無線接入技術

① 多址接入　多址技術可以看作是每一代行動通訊技術的關鍵特點，透過在空/時/頻/碼域的疊加傳輸發送訊號，顯著地提升多種場景下系統頻譜效率和接入能力[5]。5G 中主要的多址接入技術方案包括基於多維調制和稀疏碼擴頻的稀疏碼分多址接入（SCMA）技術、基於複數多元碼及增強疊加編碼的多用戶共享接入（MUSA）技術、基於非正交特徵圖樣的圖樣分割多址接入（PDMA）技術以及基於功率疊加的非正交多址接入（NOMA）技術。

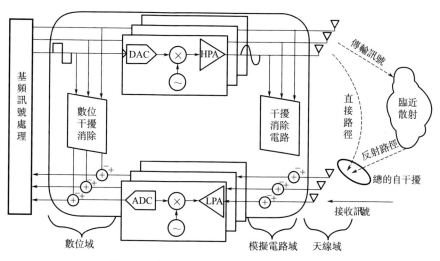

圖 2-6　全雙工終端自干擾消除方法的原理

　　非正交多址接入（NOMA）是一種新型的基於功率域複用多址方案，透過增加接收端的複雜度來換取更高的頻譜效率[6]。未來網路中設備的計算能力將有大幅度提升，因此該方案具有較強的可行性。

　　稀疏編碼多址接入（SCMA）技術是基於碼域複用的新型多址方案，該方案融合了 QAM 調制和簽名傳輸過程，將輸入的比特流映射成一個從特定碼本中選出的多維 SCMA 碼字，然後透過稀疏的方式傳播到物理資源元素上[2]。

　　圖樣分割多址接入技術或簡稱圖分多址接入（PDMA）技術是一種新型的基於發送端和接收端聯合設計的非正交多址接入技術[7]。在相同的時域資源內，發送端將多個用戶訊號進行功率域、空域、編碼域的單獨或聯合編碼傳輸，並且透過易於干擾抵消接收機算法的特徵圖樣進行區分；接收端則透過對多用戶進行低複雜度、高性能的串行干擾抵消 SIC 接收機算法，實現通訊系統的聯合檢測和性能優化。

　　多用戶共享接入（MUSA）技術是一種基於複數域多元碼的上行非正交多址新型接入技術，適合多用戶共享免調度的接入方案，從而促進低成本、低功耗 5G 海量連接（萬物互聯）的實現[8]。

　　上述 4 種多址技術的特點比較如表 2-1 所示。

　　隨著智慧終端普及應用及行動新業務需求持續成長，無線傳輸速率需求呈指數成長，5G 既要適應高速寬頻又要適應物聯網的海量連接。因

此，5G 系統中新型的多址技術可滿足智慧製造領域的大規模連接需求。

表 2-1　4 種多址技術的特點比較

關鍵技術		優　　點	缺　　點
非正交 多址接入 （NOMA）	（1）SIC 檢測 （2）功率域複用	（1）無明顯遠近效應 （2）上行鏈路的頻譜效率提升近 20% （3）下行鏈路吞吐量提升超過 30%	（1）接收機複雜度高 （2）功率域複用技術仍在研究中
稀疏碼 分多址接入 （SCMA）	（1）低密度簽名算法 （2）高維調制技術 （3）透過 MPA 進行近最佳檢測	（1）頻譜效率提升 3 倍以上 （2）上行鏈路系統容量比 OFDM 系統提升 2.8 倍 （3）相較於 OFDMA，下行鏈路小區的吞吐量提升 5%，平均增益提升 8%	（1）最佳碼的設計和實現比較難 （2）用戶間干擾增加
圖分多址接入 （PDMA）	（1）合適複雜度的 SIC 的聯合/整體設計 （2）低複雜度最大似然 SIC 檢測	（1）下行鏈路頻譜效率提升 1.5 倍 （2）下行鏈路系統容量提升 2～3 倍	（1）圖樣的設計和最佳化的實現較難 （2）用戶間干擾增加
多用戶 共享接入 （MUSA）	（1）SIC 檢測 （2）複數域多元碼 （3）疊加編碼和疊加訊號擴展技術	（1）較低的塊出錯率 （2）支持大規模的用戶接入量	（1）傳輸訊號的設計比較難 （2）用戶間干擾增加

② 動態 TDD　在未來的 5G 網路中，超密集小小區部署（小區半徑小於幾公尺）和不同的從超低時延到千兆速率的需求將會是其關鍵特徵。基於 TDD 的空口被提議應用於針對小小區訊號小時延傳播的部署，靈活分配每個子幀上下行傳輸資源。這種選擇上下行配置靈活方式的 TDD，也被稱為動態 TDD。當 TDD 上下行動態配置時，不同的小區對業務需求的適應更加靈活，同時能夠在一定程度上減小基站能耗[9]。動態 TDD技術一般只應用在小覆蓋的低功率節點小區中，不應用在大覆蓋的宏基站小區中。在 5G 無線通訊系統中，超密集小小區組網和大量的應用將成為其基本內容。一個動態 TDD 的部署可能造成交錯干擾的上下行子幀，並且降低系統性能。在 5G 中，動態 TDD 的主要挑戰包括更短的 TTI、更快的 UL/DL 切換和 MIMO 的結合等。為了應對這些挑戰，目前被考慮的解決方案有 4 種：小區分簇干擾緩解（CCIM）、eICIC/FeICIC、功率控制、利用 MIMO 技術[10]。

（5）網路技術

① C-RAN　由於在 4G 中，廣泛採用傳統的蜂窩無線接入網路構架，儘管其中採用了一些先進的技術進行改進，但是對於不斷成長的用戶和網路需求仍然不能滿足，接入網的弊端也嚴重阻礙了更好的用戶體驗。

因此，在下一代行動通訊網路中，找到一種能夠顯著提高系統容量、減少網路擁塞、成本效益較高的接入網架構迫在眉睫。因此，結合集中化和雲端運算，營運商提出了一種新型的基於雲端的無線接入網架構（C-RAN）[11,12]。

如圖 2-7 所示，C-RAN 架構主要由 3 個部分組成：由遠端無線射頻單元（RRH）和天線組成的分布式無線網路；由高頻寬低時延的光傳輸網路連接的遠端無線射頻單元；由高性能處理器和即時虛擬技術組成的集中式基頻處理池（BBU pool）。分布式的遠端無線射頻單元提供了一個高容量廣覆蓋的無線網路。高頻寬低時延的光傳輸網路需要連接所有的基頻處理單元和遠端射頻單元。基頻池則由高性能處理器構成，透過即時虛擬技術連接在一起，集合成強大的處理能力，從而滿足每個虛擬基站提供所需的處理性能需求[13]。

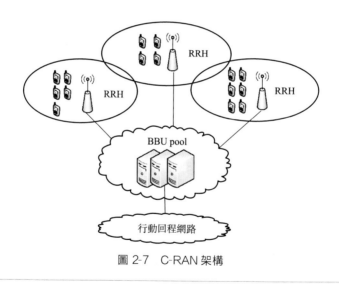

圖 2-7　C-RAN 架構

針對行動通訊建網和運維成本的上升、多標準同時營運、行動互聯網帶來網路負荷衝擊等現階段網路營運面對的實際問題，專家提出了創新的 C-RAN 網路架構，「顛覆性」地改變了行動通訊網原有的建設和營運模式，為將來行動通訊市場開闢新的發展空間，促進了新型物聯網的發展。

② D2D　未來網路中，行動資料流量將爆炸性成長，海量的終端設備急需連接以及瀕臨匱乏的頻譜資源等都是急需解決的問題[14]。設備到設備通訊（Device to Device Communication，D2D）作為下一代行動通

訊網路（5G）中的關鍵技術之一，可以在一定程度上減輕基站壓力、提升系統網路性能、降低端到端的傳輸時延、提高頻效率的潛力[15～17]。

D2D 通訊是一種兩個終端設備不藉助於其他設備而直接進行通訊的新型技術，已被考慮到下一代行動通訊系統的應用場景中。例如在車聯網中應用，未來車聯網需要頻繁地在車車、車路、車人（V2V、V2I、V2P，統稱 V2X）中進行短程的互動通訊，採用 D2D 通訊技術可以有效地進行短時延、短距離、高可靠的 V2X 通訊[18]。此外，蜂窩與 D2D 異構網路的結合（圖 2-8）也是很有前景的應用。在系統基站的控制下，D2D 通訊複用蜂窩小區用戶的無線資源，將 D2D 帶給小區的干擾控制在可接受的範圍內，直接在終端之間進行通訊，從而在很大程度上減輕基站壓力，提高頻譜資源的利用效率[19]。

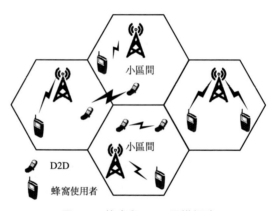

圖 2-8 蜂窩與 D2D 異構網路

在萬物互聯的 5G 網路中，由於存在大量的物聯網通訊終端，網路的接入負荷成為嚴峻挑戰之一。基於 D2D 的網路接入有望解決這個問題。比如，在巨量終端場景中，大量存在的低成本終端不是直接接入基站，而是透過 D2D 方式接入鄰近的特殊終端，透過該特殊終端建立與蜂窩網路的連接。如果多個特殊終端在空間上具有一定隔離度，則用於低成本終端接入的無線資源可以在多個特殊終端間重用，不但緩解基站的接入壓力，而且能夠提高頻譜效率。只有 D2D 技術與物聯網結合，才有可能產生真正意義上的互聯互通無線通訊網路。

2.1.5 5G 未來發展

為了更好地應對未來資訊社會高速發展的趨勢，未來 5G 網路應具備

智慧化的自感知和自調整能力，C-RAN、D2D 等技術能夠很好地解決此問題，並且高度的靈活性也將成為未來 5G 網路必不可少的特性之一。同時，綠色節能也將成為 5G 發展的重要方向，網路的功能不再以能源的大量消耗為代價，實現無線行動通訊的可持續發展是重要目標。

5G 是一個融合的網路，也是一個更加複雜和密集的網路。5G 的支持遠超 3G、4G 網路所滿足的場景、資料量及設備接入量，實現網路需要技術的不斷發展和創新。此外，5G 也將更加注重全方位的用戶體驗，將根據不同用戶的個性化需求智慧部署，在任何時間、任何地點都能夠實現用戶方便、快捷地接入。同時，5G 技術的未來不僅在於資料傳輸速率的進一步提升，更在於它是人類能力的延伸，周圍的一切物體都處於即時聯網狀態，能夠互相感知互動並與生產製造融合。

綜上，未來智慧製造離不開 5G 網路的連接能力。高性能的 5G 網路連接工廠內的海量感測器、機器人和資訊系統，連接產生的海量資料、優質資料不斷優化人工智慧算法，並將分析決策回饋至工廠。同時，5G 廣覆蓋的物聯網路能力可實現全球化的智慧互聯，連接廣泛分布或跨區域的商品、客戶和供應商等，確保對整個產品生命週期的全連接，從而實現工廠內/外部的全方位集成。

2.2 工業互聯網

在過去的 200 年中，世界經歷了四大創新浪潮。第一波創新稱為機械革命，始於 18 世紀中葉，將蒸汽機引入工業生產過程。第二波開始於 20 世紀初，並透過引入電力加速了產業演進。在 1950 年代，第三次浪潮開始於現代計算技術的發展以及將電腦相互連接的網際網路的發明。近期，工業革命和互聯網革命的深度融合，推動了工業互聯網革命的新浪潮。

由於最近呈指數級成長的技術（如大數據、雲端運算、網路）的興起，工業互聯網或工業 4.0 已經引起了工業界和學術界的極大興趣。例如，不同的感測器資料將被收集並發送到雲端運算，以便使用大數據技術進行智慧決策。在製造業方面，3D 列印技術也可以以更低的成本生產幾乎任何形狀的客製產品，所需要的時間反而更短。工業互聯網通常被理解為應用了資訊物理系統（CPS）的通用概念，其中來自所有工業視角的資訊被收集，從物理空間進行監控並與網路空間同步。隨處提供資訊和服務的需求使得 CPS 成為當今高度網路化世界的必然

趨勢。如今，醫療設備、汽車駕駛安全和駕駛輔助系統、工業過程控制和自動化系統等行業中有許多 CPS 應用領域。利用先進的現代感測和網路技術以及大數據分析將物理工業組件、機器、車隊和工廠融合在一起，為減少浪費以及提高生產效率開闢了巨大機遇。工業互聯網將對製造業、航空、軌道交通、醫療保健、發電、油氣開發等傳統產業帶來深刻變革。

工業互聯網的遠景在很大程度上取決於傳統行業採用的先進資訊和通訊技術。工業互聯網包括互聯網、工業感測與控制、大數據、雲端運算、安全等領域的多種支持技術。這些技術涵蓋工業生產過程的不同方面，如分析、儲存、感測、連接、自動化、人機互動（HMI）和製造等。儘管工業互聯網在理論和實踐上都有了重大發展，但仍存在許多挑戰，例如，在執行關鍵功能時，工業系統要求被設計為具有嚴格的性能指標，如穩定性、準確性和對極端環境和長期運行的抵抗能力等。另外，這些系統通常使用為特定任務編程高度客製的基礎設施，生命週期超過 15～20 年。在工業互聯網的實現中，安全成為一個巨大的挑戰，並且仍在探索之中。此外，為確保安全和高效的工業生產環境，需要認真處理資訊通訊技術（ICT）與工業環境相結合的其他挑戰，例如大數據分析、高級感測網路等。

2.3　認知無線網路

近年來由於無線環境變得越來越複雜，這給傳統的無線網路帶來了諸多挑戰，除了用戶的不斷增加，其服務類型和用戶需求也在朝著多樣化發展。在單一且封閉的無線通訊網路技術滿足不了人們對網路通訊需求的同時，認知無線網路（Cognitive Wireless Network）開始受到人們的關注。認知無線網路是具有認知過程的無線網路，能夠根據網路當前的狀態對網路進行規劃、決策以及響應。

認知無線網路在技術的不斷創新以及提高應用需求的驅動下得到了飛速的發展。作為一種具備認知功能的無線網路，除了能夠分辨當前無線網路的狀態，還能夠根據網路狀態對其自身進行智慧規劃、決策以及實現響應，使網路能夠在複雜的環境中發揮自適應的能力，對網路資源的管理和使用情況進行有效優化，其重點是為端到端用戶提供一定的服務品質保證。因此，認知無線網路在當前受到了各界的高度重視。

　　認知無線網路體系的要旨是在感知到網路當前的狀況之後，採取自適應功能進行相應行動，利用自適應功能所獲取的資訊對無線網路當前的狀況以及網路事件做出相應的推理。而認知無線網路體系的基礎則是認知的特性，透過資訊處理和智慧來實現感知、決策、資源分配及重構無線網路。同時，感知、決策、資源分配及網路重構這四者之間又有著密切的邏輯關係，因為認知無線網路不但能夠有效地觀察感知網路當前的狀態，而且能夠對網路決策自適應，從而實現網路的智慧優化。

　　認知無線網路的結構體系分為異構無線網路、認知邏輯網路及認知服務體系三部分。其中異構無線網路包括 GSM、TD-SCDMA、WLAN、802.22、LTE 以及 WIMAX 等。認知邏輯網路則提出了認知平面和認知流的概念，其中認知流是在業務流和控制流基礎上提出的一個全新概念。業務流承載著對無線網路環境的認知、學習以及推理，透過對網路資源的智慧配置進行優化，從而增強無線網路的認知、自主及重構的能力。而控制流則在控制平面的各層協議之間傳遞。認知邏輯網路透過引入新的認知平面，將認知和控制分離開，這樣不但可以有效地提高認知和決策的效率，而且還增加了認知無線網路的靈活性。例如，在認知邏輯網路中引入智慧映射機制，便可以將異構網路映射成統一網路。而基於同一的認知邏輯網路，不但可以提供網路各節點或者各實體之間、網路和網路之間的合作平臺，而且還可以構建滿足端到端效能的認知服務體系。

　　認知服務體系則是基於認知平面與認知功能實體，對各種行動業務進行認知建模，用於端到端效能評價模型。端到端效能的指標體系不但包括誤碼率、容量、時延等 QoS 指標，而且包括業務可用性、易用性、保真度、費用等用戶滿意度指標，以及網路適應變形、營運成本、匹配度等網路指標。認知無線網路就可以透過端到端重構的方式，滿足端到端效能的指標要求，然後根據端到端效能建立評價準則以及評價模型，最後得出綜合的評價結果。但如果為了提高端到端效能，實現認知無線網路自主優化的功能，則需要在此基礎上進一步地研究認知邏輯網路及端到端效能評價資訊的互動機制。

2.4　工業認知網路

　　認知技術能為工業互聯網提供更好的端到端的服務品質，能用於改善資源管理、服務品質、安全和接入控制等。工業網路要實現認知，首

先應能感知自身的環境，把感知結果作為輸入來評估網路狀態，決定是否要採取行動（如重配置），保證用戶端到端的 QoS 要求，並在這個過程中不斷學習，將學習到的經驗用於將來的決策中。

工業認知網路的核心特徵是資訊空間集中管理和物理製造空間分布運行的統一，具體可以概括為以下幾個方面。

① 網路集成化　工業認知網路集成了流程工業中的多種異構網路，打破資訊壁壘的限制，實現泛在資訊獲取與資料傳輸。

② 管理集中化　在網路化基礎上，構建與製造物理空間全面深度融合的製造資訊空間，實現全局資訊的統一集中管理。

③ 運行分布式　在資訊的集中式管理下，透過網路支撐的分布系統的知識管理、推理與決策，實現物理製造空間各子系統的分布式運行。

④ 應用業務自動化　針對過程系統特點的跨層次、跨領域智慧優化模式和方法，全面取代人的干預，實現知識工作自動化。

從各部分地理位置分布的角度出發，工業認知網路主要包含四個部分：工業感測網路/工業乙太網路、無線工業本地網路、無線工業廣域網路和工業雲端平臺，如圖 2-9 所示。

① 工業感測網路/工業乙太網路　主要是指製造車間中訊號採集及傳輸網路，是直接面向零部件的通訊網路。它主要包含感測器網路、工業乙太網路、RFID 及網路網關等。工業感測器網/工業乙太網主要為機床、節點等提供資訊化介面，使加工單元、原料、半成品和成品成為最末端的資訊節點，實現對原材料的即時資訊採集和控制。

② 無線工業本地網　結合工廠本地資訊/控制中心，形成一個小的 CPS 系統，能對某一個較小區域實現資訊化和數位化，其實現技術包括 D2D、LTE-U、WiFi 等。透過構造高效、低時延的資訊與控制系統實現本地智慧工廠的資訊採集與控制。同時本地資訊/控制中心能夠作為工業認知網路的前端中心對上傳的資訊進行加工和預處理。

③ 無線工業廣域網　利用現有 3G/4G 網路或未來的 5G 網路作為基礎，實現廣域互聯，使各大地區資料能夠匯聚到雲端平臺主控制中心。透過廣域無線網行動終端能夠在任何時間、任何地點接入工業認知網。

④ 工業雲端平臺　利用存在於互聯網的伺服器集群上的伺服器資源，包括硬體資源（如伺服器、儲存器和處理器等）和軟體資源（如應用軟體、集成開發環境等），透過分布式計算、並行計算等技術對資源、資訊採取集中式存放管理、分配調度，為各種個性化需求的服務提供支

持，並達到提高生產效率、降低生產成本和節能減排的要求。

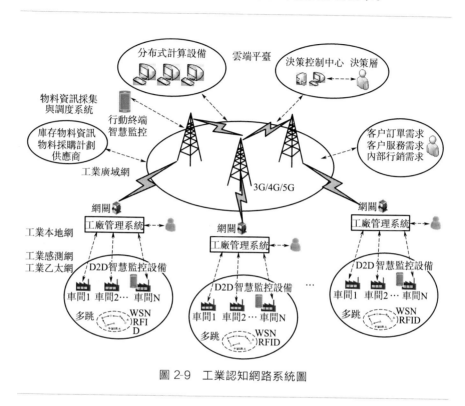

圖 2-9　工業認知網路系統圖

2.4.1　系統網路架構

工業認知網路系統網路架構（圖 2-10）主要分為 5 層，從下至上分別為感知層、匯聚層、網路層、雲服務層和應用層。

① 感知層　負責完成複雜工業環境下現場多維、異構資料的即時感知和採集。無線網路具有低成本、組網靈活等特點，但在現代工業製造環境下，電磁環境複雜、溫溼度分布廣、變化劇烈、通訊鏈路的遮擋嚴重以及現場資訊的即時可靠低功耗等要求成為工業現場資料獲取無線化的關鍵。

② 匯聚層　負責完成多源、異構網路資訊融合及共享。流程工業資訊類型多樣，包括即時測量資料、控制指令、文字、聲音、圖像、影片等，資訊格式不統一。另外有線的設備網、總線網和工業乙太網雖然實現了互聯，但是仍存在大量資訊孤島，給跨領域、跨層次的資訊集成共享帶來困難。匯聚層將透過搭建硬體實現平臺把不同子系統的設備網、

總線網傳輸協議轉換成統一的標準，實現不同類型、不同格式資訊的融合與共享。

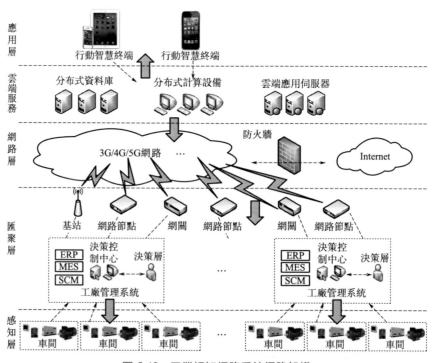

圖 2-10　工業認知網路系統網路架構

③ 網路層　負責完成基於 3G/4G/5G 網路等無線廣域網的海量資訊安全可靠低時延傳輸。透過基於現有 LTE/LTE-A 技術上搭建網路，可以部分滿足高峰值速率和低傳輸時延。為了應對更高的網路速率和毫秒級傳輸時延的需求，可以在此基礎上融合 5G 的一些新技術，如超密集網路部署（提高網路覆蓋率）、毫米波（提高傳輸速率）、大規模 MIMO（提升訊號頻譜效率）等，可以大幅度提高資訊傳輸速率、可靠性，降低時延，實現高效率、低時延的資訊獲取和控制。

④ 雲端服務層　負責完成海量資訊儲存管理和資料知識化。透過建立網路服務集群，對海量資料資訊採取集中式儲存和管理，採用分布式和虛擬化技術對資源進行分配調度，建立資料庫將資料知識化，提供開放的軟體開發平臺和集成環境，給需要各種服務的終端提供支持。

⑤ 應用層　負責提供滿足不同類型、不同需求的應用業務的實現平

臺。搭建軟體開放平臺，確保滿足不同需求的應用業務都能夠在該平臺上快速、簡單、低成本地開發和部署，與客戶進行互聯互通，如獲取客戶訂單需求、客戶服務需求、客戶行銷需求等，以及上述軟體對工業製造網路系統各種資源的調度和使用。

2.4.2　軟硬體平臺

新型工業認知網路系統的軟硬體平臺如圖 2-11 所示。

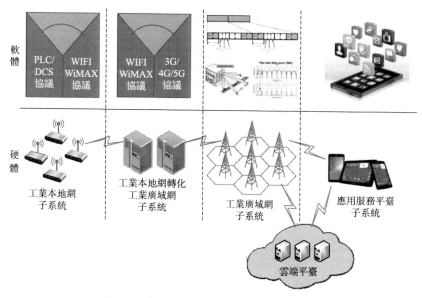

圖 2-11　新型工業認知網路系統軟硬體平臺

（1）工業本地網子系統

軟體部分：集散控制系統（DCS）、PLC 等協議。

硬體部分：本地無線接入設備，WiFi、WiMAX 無線設備。該部分功能是利用 WiFi、WiMAX 等無線本地接入設備，結合工廠本地資訊/控制中心，實現工業現場大數據的泛在化採集和控制，並且需完成DCS、PLC 協議以及感測器大量異質資料轉化為 WiFi、WiMAX 等協議的功能，這樣工業本地網才能順利地把這些現場資料高效地傳輸到本地的後臺管理中心，為成功地採集現場資料和管理工業生產及製造提供保障。

(2) 工業本地網轉化工業廣域網子系統

軟體部分：DCS、PLC 等協議轉化為 3G/4G/5G 公網協議。硬體部分：網關/路由器，該部分功能實現工業本地網和工業廣域網的互聯互通，是構建工業認知網路中比較重要的環節之一，需要完成工業本地網無線傳輸協議（PLC、DCS 協議等）到工業廣域網無線傳輸協議（3G/4G/5G 協議等）的轉化問題。為了資料能夠準確遠距離傳輸到工業製造雲端平臺，此類異構資料需要進行統一整合，融合成公網傳輸格式進行 3G/4G/5G 傳輸。多維異構資料的融合轉化技術成為資訊通訊系統的關鍵。

(3) 工業廣域網子系統

軟體部分：新型幀格式、新型信令、新波形、靈活雙工方式等。硬體部分：蜂窩網路、基站，該部分的主要功能是透過基於現有 LTE/LTE-A 技術搭建網路，為大範圍的工業區域提供互聯網和雲端服務接入；其次，為了滿足新型工業系統對海量資料的高速率、低時延、高效傳輸的要求，在工業認知網路中，需要設計更短的幀格式，採用全新的空口設計，引入大規模天線、新型多址、新波形等先進技術，支持更短的幀結構、更精簡的信令流程、更靈活的雙工方式，有效地實現工業認知網路的廣覆蓋、大連接、低時延、高效傳輸等系統功能；另外，還可以採用超密集組網方式，在工廠中部署更加「密集化」的無線網路基礎設施，獲得更高的頻率複用效率，從而在局部熱點區域實現百倍量級的系統容量提升，這樣可以解決工廠中網路系統容量低的瓶頸。

此外，在第二子系統和第三子系統中，都需要對資料資訊進行融合和選擇性傳輸。為此，設計基於認知自適應的選擇傳輸機制，利用資訊的時效性、安全性、緊迫性等價值參量區分業務類型，對所需傳輸的多層次、混雜、異構資料進行篩選，摒棄無價值資料；透過對系統環境的認知、學習來調度資源，設計高效行為規劃與決策機制來聯合管控系統中各類物理實體，實現反向可控的自適應選擇傳輸機制。當傳輸負荷較大時，高價值、高效率業務優先傳輸，從而達到提高傳輸資源利用率的目的。

(4) 應用服務平臺子系統

軟體部分：手機 APP 微信服務平臺。硬體部分：手機、手持終端。該部分實現的功能是透過行動終端設備來即時地監控和管理整個工廠車間的生產和製造，該部分可以設計專門服務於工業系統的手機 APP、微信服務平臺等，並且結合雲服務平臺使用手機和可持終端，實現即時、

可行動地監測、控制和管理整個工廠車間，根據回饋的現場資料可遠端控制工廠的設備，處理危機事件的發生。

（5）工業雲端平臺

軟體部分：各種應用軟體。硬體部分：伺服器。該部分實現的功能是用戶可以利用 PC、筆電或者智慧行動終端等，透過瀏覽器或客戶端訪問所部署的雲端平臺，直接使用所部署的軟體，而不用在客戶端安裝相應的軟體和程式。此外針對企業級雲端平臺應用，使用 PC、筆電、智慧手機、平板等終端設備，透過企業 Intranet（企業內部網路）接入雲端服務，可以使用雲端平臺提供商基於 Linux/Unix/Windows 的應用伺服器上的企業級應用軟體，如 ERP、MES、HR 等，相應的企業資料將保存在雲端平臺提供的企業資料庫中。對不同軟體進行相應用戶的授權，透過 Web 伺服器發布出 B/S（Browser/Server）瀏覽器/伺服器模式的平臺入口，至此可以保證用戶透過瀏覽器的方式訪問和登入發布平臺，正常使用權限範圍內的應用軟體。確保雲端平臺可以供用戶透過 3G/4G/5G 等方式實現在各種項目現場條件，利用筆電、行動終端等各種設備，正常使用部署的應用軟體，並且所有資料都在伺服器端流轉，保證了項目資料的安全。

參考文獻

[1] ITU-R M 2083-0. IMT vision, framework and overall objectives of the future development of IMT for 2020 and beyond. ITU-R, Document 5/199-E, 2015.

[2] Li Y, Wang Q, ZHONG Z D, et al. Three-dimensional modeling, simulation and evaluation of Device-to-Device channels. IEEE International Symposium on Antennas and Propagation & USNC/URSI National Radio Science Meeting, 2015: 1808-1809.

[3] Zeng Y, Zhang R, Chen Z N. Electro-magnetic lens-focusing antenna enabled massive MIMO: performance improvement and cost reduction. IEEE/CIC International Conference on Communication in China, 2014: 454-459.

[4] Datang Telecom Technology & Industry Group. Spectrum-Efficiency Enhancing Techniques for 5G. IMT-2020 Promotion Group 5G Summit, Beijing, China, 2014.

[5] Marzetta T L. Non-cooperative cellular wireless with unlimited numbers of base

station antennas. IEEE Transactions on Wireless Communications, 2010, 9（11）: 3590-3600.

［6］ Tommi J, Pekka K. Device-to-device extension to geometry-based stochastic channel models. IEEE European Conference on Antennas and Propagation（EuCAP）, 2015: 1-4.

［7］ Zhou Z, Gao X, Fang J, et al. Spherical wave channel and analysis for large linear array in LOS conditions. IEEE Globecom Workshop, 2015: 1-6.

［8］ Rappaport T S, SUN S, MAYZUS R, et al. Millimeter wave mobile communications for 5G cellular: it will work. IEEE Journals & Magazines, 2013, 1（1）: 335-349.

［9］ Anger F. Smart mobile broadband. RAN Evolution to the Cloud Workshop, 2011.

［10］ Sabharwal A, SCHNITER P, GUO D, et al. In-band full-duplex wireless: challenges and opportunities. IEEE Journal on Selected Areas in Communications, 2014, 32（9）: 1637-1652.

［11］ Tao Y, Liu L, Liu S, et al. A survey: several technologies of non-orthogonal transmission for 5G. China Communications, 2015, 121（10）: 1-15.

［12］ IMT-2020（5G）Promotion Group. 5G 無線技術架構白皮書. IMT-2020（5G）Promotion Group. White paper, wireless technology architecture for 5G[R].

2015: 5.

［13］ Nikopour H, BALIGH H. Sparse code multiple access. IEEE 24th Annual International Symposium on Personal, Indoor, and Mobile Radio Communications（PIMRC）, London, 2013: 332-336.

［14］ Yuan Z, YU G, LI W. Multi-user shared access for 5G. Telecommunication, Network Technology, 2015: 28-30.

［15］ 3GPP TR 36. 828. Further enhancements to LTE TDD for DL-UL interference management and traffic adaption. v11. 0. 0, 2012.

［16］ Shen Z, Khoryaev A, Eriksson E, et al. Dynamic uplink downlink configuration and interference management in TD-LTE. IEEE Communications Magazine, 2012, 50（11）: 51-59.

［17］ Demestichas P, Georgakopoulos A, Karvounas D, et al. 5G on the horizon: key challenges for the radio access network. IEEE Communications Magazine, 2013, 8（3）: 47-53.

［18］ Checko A, CHRISTIANSEN H L, YAN Y, et al. Cloud RAN for mobile networks-a technology overview. IEEE Communications Surveys & Tutorial, 2015, 17（1）: 405-426.

［19］ Whiter paper. 5G vision and requirements. China IMT-2020（5G）Promotion Group, 2014.

第3章

資訊物理系統

3.1 總體定位

3.1.1 CPS 的作用與背景

資訊物理系統（Cyber-Physical Systems，CPS）是支撐兩化深度融合的一套綜合技術體系，在中國通常將 CPS 譯作「資訊-物理系統」，也有學者將其譯作「賽博-物理系統」[1]。將 Cyber 譯作賽博空間的學者更強調 Cyber 空間作為物理實體空間的另一面——虛擬系統的內涵。而將 Cyber 譯作資訊的學者，更強調 ICT 在第四次工業革命中的作用，本書採用《資訊物理系統白皮書（2017）》及《中國製造 2025》中關於 CPS 資訊物理系統的提法。

在中國，CPS 技術也受到高度重視。CPS 是通訊技術與智慧製造深度融合的產物。在《中國製造 2025》中 CPS 被賦予了支撐兩化深度融合的一套綜合技術體系的定位高度，其定義為：CPS 透過集成先進的感知、計算、通訊、控制等資訊技術和自動控制技術，構建了物理空間與資訊空間中人、機、物、環境、資訊等要素相互映射、適時互動、高效協同的複雜系統，實現系統內資源配置和運行的按需響應、快速迭代、動態優化。

CPS 被認為是第四次工業革命的使能技術，主要展現在其突破了以人為核心的智慧製造控制與執行的瓶頸。先進 ICT 為其提供了的泛在連接，是 CPS 應用的基礎。當資訊的獲取和傳遞不再是瓶頸後，對於資訊的分析和利用逐漸成為制約生產力變革的主要障礙。

我們用人類的行為方式來類比 CPS 系統。人類透過皮膚、肌肉和骨骼「感知」外部資訊，這些資訊透過穩定、高速的神經系統傳遞至大腦皮層的相應處理系統，大腦高速處理後，指揮具體的執行動作。

在工業生產中，主控制系統透過前端的感知系統獲取資訊。ICT 的發展，使感知層面可以以更高精度獲取測試測量資料，這些資料不但包括設備運行中產生的大量資料，還包括透過客戶回饋系統收集的客戶資訊。

通訊層面以更低時延和更高可靠性傳遞資料，而在計算層面，透過雲端運算、邊緣計算等方式加速資訊的儲存與處理，而最終所有的處理

結果，透過精確地控制執行系統完成製造的全過程。

CPS 能夠將計算（Computation）技術、通訊（Communication）技術和智慧控制（Control）技術（三者合稱為 3C）以及感知等與工業設計、生產結合起來，作用於整個生產製造體系，使其具有智慧化，支撐資訊化和工業化的整體目標。

3.1.2 CPS 應用場景

隨著 CPS 技術的發展，CPS 的應用已經不局限於構建智慧生產製造系統，而是可以應用於生活的各個方面。

a. 在環境治理方面，構建智慧環保，應用於環境檢測、治理決策等方面。

b. 在國防科研方面，構建即時戰場實景，突破無人載具的智慧控制。

c. 在能源利用方面，構建智慧礦井、智慧電網等應用。

d. 在通訊感知方面，構建認知無線電網路，透過大數據分析重構網路。

e. 在智慧交通方面，突破自動駕駛、智慧導航等技術瓶頸。

f. 在智慧醫療方面，構建遠端醫療和基於大數據的健康監測系統等。

g. 在社會服務方面，構建智慧城市，提供智慧家居、智慧服務機器人等服務。

CPS 雖然為上述智慧功能提供了可實現途徑，但是面臨一些亟待解決的問題和挑戰，這也是目前學術界和工業界關注的話題。

① 深度融合　物理系統與資訊系統的深度融合，需要混合系統理論支撐，透過深入探究理論基礎和建模方法，構建資訊系統與物理系統的深度融合。

② 高可靠、低時延　在 5G 願景中，ICT 領域的專家已經提出高可靠、低時延（uRLLC）場景，但具體的實現細節還未展開深入研究。傳統的互聯網基於盡力而為（best effort）服務策略，在此基礎上如何實現全網路的高可靠、低時延，也是一個嚴峻的挑戰。

③ 可測性　高度智慧化、個性化的生產和應用雖然形態變化多樣，但是仍然需要一致性的要求，這樣才能實現互聯互通和保障基礎安全性、穩定性需求。這對測試測量技術、仿真技術等提出了更高的要求。

CPS 的應用挑戰還有很多，在這裡不再一一詳述。具體的 CPS 應用領域會有不同的特性，這都是我們需要解決的問題。

3.2 CPS 體系架構

3.2.1 單元級、系統級與系統之系統級體系架構

CPS 通常是一個非常複雜的系統，可由多個子系統構成。因此，透過系統的組成結構，並考慮系統間的構建關係是一個非常有效的分析方式。

在 CPS 白皮書中，CPS 劃分為單元級、系統級、系統之系統級 (System of Systems，SoS) 三個層次。單元級 CPS 可以透過組合與集成（如 CPS 總線）構成更高層次的 CPS，即系統級 CPS；系統級 CPS 可以透過工業雲、工業大數據等平臺構成 SoS 級的 CPS，實現企業級層面的數位化營運。

① 單元級 CPS（硬＋軟）　單元級 CPS 能夠透過物理硬體（如傳動軸承、機械臂、電機等）、自身嵌入式軟體系統及通訊模組，對物理實體及環境進行狀態感知、計算分析，並最終控制到物理實體，構成最基本的含有「感知-分析-決策-執行」資料自動流動的基本閉環，形成物理世界和資訊世界的融合互動，實現在設備工作能力範圍內的資源優化配置。

② 系統級 CPS（硬＋軟＋網）　多個單元級 CPS 及非 CPS 單元設備的集成構成系統級 CPS。透過引入網路，將多個單元級 CPS 匯聚到統一的網路（如 CPS 總線），對系統內部的多個單元級 CPS 進行統一指揮、實體管理，實現系統級 CPS 的協同調配，實現更大範圍、更寬領域的資料自動流動，互聯、互通和互操作進而提高各設備間合作效率，實現生產線範圍內的資源優化配置。

③ SoS 級 CPS（硬＋軟＋網＋平臺）　多個系統級 CPS 構成了 SoS 級 CPS，透過構建 CPS 智慧服務平臺，實現跨系統、跨平臺的互聯、互通和互操作，將多個系統級 CPS 工作狀態統一監測，即時分析，集中管控，促成了多源異構資料的集成、交換和共享的閉環，在全局範圍內實現資訊全面感知、深度分析、科學決策和精準執行。

3.2.2 ICT 在 CPS 體系架構中的應用

ICT 尤其是行動通訊技術的發展,將有力地推動 CPS 從理論到實用的進程。CPS 是一個將計算、網路和物理集成在一起的系統,是涉及了物理、生物和資訊科學等多種學科、多領域的技術。CPS 將連續的物理過程和離散的計算過程進行即時動態互動,使物理空間與資訊空間深度融合,達到計算、通訊和控制的有機結合。透過從 ICT 角度分析 CPS 的架構,可以得到 ICT 在 CPS 結合層面更為清晰的架構。

ICT 在 CPS 實現中的應用分為以下三個層面(圖 3-1)。

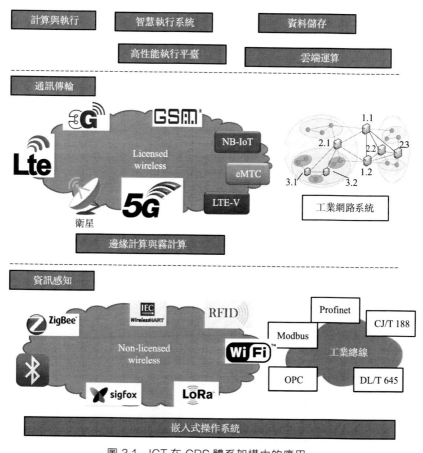

圖 3-1　ICT 在 CPS 體系架構中的應用

　　① 頂層（包括計算與執行等）　透過並行計算資源實現高效的評估與決策，形成控制指令精確執行，實現 CPS 的計算與控制功能。通常對應於系統級及 SoS 級。

　　② 中間層（為通訊傳輸層）　我們關注無線通訊技術和工業互聯網相關技術，其目標為實現資訊的可靠高效傳輸。為了進一步提高資訊處理的效率，我們需要引入邊緣計算和霧運算優化提取資訊。

　　③ 底層（為資訊感知層面）　包含與感測器節點相關的通訊技術，包括非授權頻段的無線接入技術和工業總線技術等。

3.3　CPS 中的 ICT 關鍵技術

3.3.1　資訊感知層中的嵌入式系統

　　為了能夠實現物理設備的遠端感知和精確控制、協調以及自治功能，CPS 的最底層感知層需要從感測器節點和執行器節點上部署計算、通訊和控制的功能，最終使每一個物理設備都帶有一個高度集成的嵌入式系統，進而實現資訊空間和物理空間的深度合作和融合。透過分布在各個物理設備上的嵌入式感測器和執行器，從物理環境中獲取資料並執行系統的相關控制命令，進而實現與環境的互動[2]。CPS 對晶片工藝、系統複雜程度、使用環境等都有了更高的要求，其中嵌入式技術至關重要。嵌入式系統的小體積、低功耗、低成本以及特定的專用性等特點，是嵌入式技術的主要特點，完全滿足 CPS 的需求。

　　嵌入式系統主要由嵌入式處理器、相關支撐硬體、嵌入式操作系統及應用軟體系統等組成，它是可獨立工作的「器件」[3]。並且，嵌入式系統通常是軟硬體可裁減的，以適應功能、可靠性、成本、體積、功耗等綜合性指標。它作為一個完整設備的一部分被嵌入，通常包括硬體和機械部件[3]。簡單地說，嵌入式系統的應用軟體與硬體透過一體化設計，作為機器或設備的組成部分，是專門為了某個特定應用系統而設計的，開發與調試必須有相對應的開發環境、開發工具和調試工具，具有低成本、低功耗、小體積、靈活性、可靠性和即時性等特點，特別適合即時和多任務的應用場景。

　　處理器/微處理器、儲存器及外設器件和 I/O 通訊埠、圖形控制器等構成了嵌入式系統的硬體部分[4]。嵌入式系統中的計算控制系統通常是

基於專用的嵌入式處理器硬體實現的,如 ARM、低功耗專用數位訊號處理器等。另外,嵌入式系統與一般具有像硬碟那樣大容量儲存介質的電腦處理系統不一樣,它更多地使用 EPROM、EEPROM 或閃存（flash memory）作為儲存介質。軟體部分則包括操作系統軟體和應用程式。嵌入式系統的軟體通常採用如 Linux、VxWorks 等的嵌入式操作系統。操作系統則控制著應用程式編程與硬體的互動作用,與通用操作系統相比較,嵌入式操作系統在系統即時高效性、硬體的相關依賴性、軟體固態化以及應用的專用性等方面具有較為突出的特點。應用程式主要負責系統的運作和行為。

日常生活中大部分數位化電氣設備幾乎都應用了嵌入式系統,例如傳統的家庭電子設備（如微波爐、冷氣、冰箱等）、家庭中的智慧設備（如電視機上盒、數位電視等）,再比如工業界的行動邊緣計算設備、工業自動化儀表、溫度溼度等監控感測設備等。為了滿足小尺寸、低耗能、工作時長等性能需求,傳統嵌入式系統的研究主要在嵌入式電腦硬體及軟體對資源的優化利用上,這都是以有限的處理資源為代價,而對物理過程的互動作用沒有進行較多研究,也使得編程和互動更加困難[4]。然而,透過在硬體之上構建智慧技術,利用可能存在的感測器和嵌入式單元,既可以優化管理單元和網路級別的可用資源,又可以提供增強功能,例如可以設計智慧技術管理嵌入式系統的功耗。近年來,嵌入式技術快速發展,涉及的領域也越來越廣泛,嵌入式系統從單個微控制器晶片的低端設備到具有多個單元的高端設備,從小型設備到大型設備、從家庭領域到工業領域均得到廣泛應用。

（1）嵌入式微處理器

嵌入式系統的核心是嵌入式微處理器,嵌入式處理器通常分為嵌入式微控制器、嵌入式微處理器、嵌入式數位訊號處理器和嵌入式片上系統[3] 等。

嵌入式微控制器（Embedded Microcontroller Unit,EMU）,通常也稱為微控制器（Micro Controller Unit,MCU）或單片機。微控制器晶片內通常由某種處理器內核、少量的 ROM/RAM 儲存器、總線控制邏輯、各種必要的功能模組以及某些外設介面電路集成而成。其代表性產品有 8051、P51XA、MCS-251、MCS-96/196/296、MC68HC05/11/12/16 等[4]。

嵌入式微處理器也可以稱為嵌入式微處理器單元,通常分為通用微處理器和嵌入式微處理器兩類:通用微處理器是為通用目的而設計的,但這種通用處理器可以與其他相關設備、嵌入式操作系統以及應用程式

組成一個專用電腦系統，成為設備或機器的某一部分，進而實現嵌入式系統的功能；嵌入式微處理器是專門以嵌入式應用為目的而設計的，其功耗低，對即時多任務有較強的支持能力，可以為了滿足不同嵌入式產品的需求而擴展，另外其內部還集成了便於測試的測試邏輯。代表性產品有 ARM、MIPS、Power PC 等系列。

嵌入式數位訊號處理器（Embedded Digital Signal Processor, EDSP）也簡稱為 DSP，這是一種專門用於嵌入式系統的數位訊號處理器。嵌入式 DSP 對系統結構和指令系統進行了特殊設計，使其更能夠適合於執行 DSP 算法，擁有更高的編譯效率和更快的執行速度。嵌入式 DSP 被廣泛使用在數位濾波、快速傅立葉轉換和頻譜分析等相關儀器上。其代表性產品有 TI 公司的 TMS 系列。

嵌入式片上系統（Embedded System On Chip, ESOC）也簡稱為 SOC。片上系統即在一個硅片上實現一個完整的複雜系統。它是一個有專用目的的集成電路，包含了一個完整系統以及嵌入軟體的全部內容。首先將各類通用處理器內核作為 SOC 設計公司的標準庫，然後用戶只需要根據需求定義出整個應用系統，仿真後將設計圖紙交給半導體廠商生產樣品，這樣就可以將整個嵌入式系統集成到一塊或幾塊晶片上。

嵌入式微處理器一般具備以下 4 個特點。

a. 能夠支持即時和多任務，在完成多任務的同時有較短的中斷響應時間，從而能夠最大程度降低內部的代碼和即時操作系統的執行時間，提高效率。

b. 具有很強的儲存區保護功能，這是由於嵌入式系統採用的是模組化軟體結構，因此很有必要去避免在軟體模組之間出現錯誤的交叉作用，同時這種結構也有利於軟體診斷。

c. 具有可擴展的處理器結構，可以根據性能需求迅速擴展出對應的嵌入式微處理器。

d. 具有很低的功耗，有的嵌入式微處理器功耗只能為毫瓦級甚至微瓦級。

通常，在感知層感知獲取物理環境的資料後，為了減輕較高層計算的壓力，在傳輸資料前可以將一些感知資料進行簡單的預處理，比如攝影機採集的大量圖像資料可以利用圖形處理器（GPU）進行處理。圖形處理器有多個硬體處理單元且峰值性能高，擅長大規模的並行計算，專門用來執行複雜的數學和幾何計算能支持 3D 圖形、數位影片等。在 GPU 上運行計算密集型的程式和易於並行的程式具有較大的優勢，但通

常 GPU 具有較大的功耗，所以目前對於能量有限的嵌入式應用還不十分適合[5]。

（2）嵌入式操作系統

嵌入式操作系統是嵌入式系統另一個重要的組成部分，是一種支持嵌入式系統應用的操作系統軟體。當嵌入式系統變得越來越複雜後，使用更加成熟的嵌入式操作系統使得軟體開發更加容易與高效。嵌入式操作系統包括與硬體相關的底層驅動軟體、系統內核、設備驅動介面、通訊協議[4]，在一些資源不嚴格受限的系統上，嵌入式操作系統還提供圖形介面和基本應用軟體等功能。它具有通用操作系統的基本特點：能夠對複雜的系統資源進行有效管理；能夠把硬體抽象化，便於開發人員進行驅動程式移植和維護；能夠提供基本的庫函數、驅動程式、工具集以及應用程式[4]。另外，嵌入式操作系統較通用操作系統具有內核小型化、系統精簡的特點，同時還能夠提供更為突出的系統即時高效性、硬體的相關依賴性、軟體固態化、應用的專用性以及能夠為了適應各種應用需求變化對嵌入式操作系統進行裁減、伸縮。總而言之，在嵌入式系統中嵌入式操作系統負責對軟硬體資源進行分配、任務調度，控制、協調並發等活動[3]。

嵌入式操作系統可以分為即時操作系統和非即時操作系統。現在越來越多的工業嵌入式系統對即時性的要求越來越高，非即時操作系統不能滿足使用者的需求，所以必須採用具有即時性的操作系統，對確定的事件在系統事先規定好的時間內響應並正確處理。

在嵌入式操作系統的發展歷程中，至今仍流行的操作系統有幾十種，下面主要介紹五種操作系統[6]。

① 嵌入式 Linux　嵌入式 Linux 最大的特點就是源代碼公開且遵循 GPL（General Public License）協議，它有大量的免費並且優秀的開發工具和良好的開發環境，且都遵從 GPL，其源代碼開放；其擁有小而精悍的內核，不僅具有強大的功能，而且其運行時所需的資源少且穩定、效率高，十分適合嵌入式應用；嵌入式 Linux 能夠較為容易地進行相對應的客製裁減，進而適應不同硬體平臺的限制和功能或性能的要求；還具有優秀的網路功能，能夠提供對乙太網、無線網、光纖網、衛星網等多種聯網方式的支持；其能夠較強地支持圖像處理、文件管理以及多任務工作；嵌入式 Linux 支持的外圍硬體設備數量十分龐大，並且有著豐富的驅動程式，另外它還能夠移植到數十種微處理器上。另一方面，為了更深層次的底層控制，嵌入式 Linux 開放了內核（kernel）空間，提供添加即時軟體模組的功能。這些運行在內核空間的即時軟體模組，會成為

影響整個系統運行可靠性的因素。FSMLabs 公司的 RTLinux 等即時 Linux 與嵌入式 Linux 相比，內核改動不大，所做修改主要是透過提升即時任務的優先級達到即時的效果，因此也屬於嵌入式 Linux 範疇，在此不再贅述。

② VxWorks　VxWorks 操作系統是一種即時操作系統，具有良好的客户支持服務、高性能的內核以及良好的用户開發環境，這些特點使其在即時操作系統中占據領先位置。同時它具有可裁減微內核結構、高效的任務管理、靈活的任務間通訊、微秒級的中斷處理、高可靠性等特點，因此被廣泛應用在通訊、軍事、航太和航空等領域[6]。另外，VxWorks 是目前應用最廣泛、市場占有率最高的商用型嵌入式操作系統，它可以被移植到多種處理器上。但是，VxWorks 的開發和維護成本都非常高，支持的硬體數量也有限[6]。

③ Android　Android 是由 Google 開發的基於 Linux 內核和其他開源軟體修改而來的行動操作系統，並且使用了 Google 公司自己開發的 Java 虛擬機，主要設計用於觸控螢幕行動設備，如智慧手機和平板電腦。Android 系統架構分為四層結構，從上到下分別是應用程式層、應用程式框架層、系統運行庫層以及 Linux 內核層。系統完全開源，這使 Android 擁有越來越壯大的開發者隊伍，能夠得到突飛猛進的發展。由於 Android 使用了 Java 進行系統開發，使其具有跨平臺特性與較強的一致性，在系統運行庫層實現了一個硬體抽象層，向上對開發者提供了硬體的抽象而實現跨平臺，向下也極大地方便了 Android 系統向各式設備的移植。另外，Android 系統能夠支持大量豐富的應用，同時有著 Google 強大的技術支持，能與 Google 服務無縫集成，充分滿足了使用者的需求。

④ iOS　iOS 操作系統是由蘋果公司研究開發的行動操作系統，它與 Mac OS X 操作系統同屬於類 Unix 的商業操作系統。iOS 具有豐富的功能以及不錯的穩定性，是 iPhone、iPad、iWatch 等設備的強大基礎。相比於 Android，iOS 同樣充當底層硬體和應用程式之間的中介角色，但 iOS 系統的封閉程度高，應用程式不能直接訪問硬體，必須透過系統提供的介面進行互動。這樣做的好處是能夠有效防止惡意軟體和病毒的入侵，其封閉性給用户安全提供了可靠的保障，但在靈活性上有所犧牲。

⑤ μC/OS-Ⅱ　μC/OS-Ⅱ是著名的源代碼公開的即時內核，是專為嵌入式應用設計的。它能夠提供嵌入式系統的基本功能，其核心代碼短小而精練[3]。μC/OS-Ⅱ能夠被移植到多種微處理器上，但對於大型商用

嵌入式系統而言，還是相對簡單了些。$\mu C/OS-II$ 主要特點包括源代碼公開、具有較強的可移植性（採用 ANSI C 編寫）、能夠固化、可以進行裁剪、具有占先式的即時內核、具有較強的實用性和高可靠性等。另外，$\mu C/OS-II$ 的函數調用與服務的執行時間具有可確定性，不依賴於任務的多少[6]。

CPS 是一個集計算、網路和物理融合而成的多維度複雜系統，透過計算、通訊、控制技術，將計算、通訊和物理系統進行一體化設計，使得系統具有更高的有效性、可靠性、即時性[5]。CPS 的底層離不開嵌入式技術，嵌入式技術的主要展現是嵌入式系統。嵌入式系統不僅負責計算的功能，還擔負著與物理過程溝通的功能，在複雜應用的物理過程中，環境感知的資料被嵌入式系統獲知並做出及時反應，從而將計算資源與物理資源深度融合、有效協調，更好地面對周圍動態環境。另外，海量計算是 CPS 接入設備的基本特徵，因此一般接入設備應具有強大的計算能力。當前嵌入式系統的計算能力還無法滿足 CPS 面對異構環境下大範圍複雜系統資料的計算，針對這一問題，嵌入式系統可以藉助雲端運算和大數據等相關技術來完成。

3.3.2　通訊傳輸層技術

雲端運算融合了計算能力和儲存能力，將所有計算任務和儲存任務放在雲端進行處理，利用雲端強大的計算能力和儲存能力來計算和儲存資料是有效的資料處理方法，可以更加靈活地為用戶提供計算、儲存和應用程式等資源的共享。然而，物聯網的發展促使越來越多的資料在網路邊緣產生，傳統的集中式網路架構由於回程鏈路負擔沉重、傳輸時延較長，無法滿足用戶需求，有限的回程容量和資料傳輸的速度正在成為雲端運算的瓶頸。因此，研究者們提出了將網路功能和內容帶入網路邊緣的新體系結構，即邊緣計算（edge computing）和緩存。

（1）邊緣計算

傳統的集中式雲端運算結構對於物聯網是不夠的。首先，隨著網路邊緣資料量的增加，將導致巨大的不必要的頻寬和計算資源的使用。如果所有的資料都需要發送到雲端處理，會造成高時延和高回程頻寬消耗，這對於需要即時響應的應用程式是不利的。在這種情況下，傳統的雲端運算並不能有效地進行資料處理，需要在邊緣處理資料以縮短響應時間，從而更有效地處理並減小網路壓力。其次，用戶的隱私

保護要求將成為物聯網雲端運算的障礙。最後，考慮到物聯網中大部分終端節點的能量限制以及無線通訊模組的能耗，將一些計算任務卸載到邊緣可能會更加節能。

隨著 5G 技術的發展，邊緣計算將成為解決這個問題的關鍵解決方案。邊緣計算在網路邊緣部署雲端伺服器，集計算、儲存以及網路功能為一體，是下一代 5G 網路的關鍵技術之一。其中行動邊緣計算（Mobile Edge Computing，MEC）是基於行動通訊技術的邊緣計算。行動邊緣計算是雲端運算到無線網路邊緣的延伸，在網路邊緣提供計算、儲存和智慧互聯等功能，滿足用戶對高速率、低時延和高可靠性等的關鍵需求。邊緣計算在網路邊緣響應服務的需求，從而減少網路擁塞、降低傳輸時延，是物聯網應用的重要支撐，是 CPS 的核心技術。工業製造的智慧化離不開物聯網、大數據和雲端運算，同時也離不開邊緣計算。邊緣計算的發展將為世界各國帶來新一輪的技術變革和發展機遇，同時也為中國產業轉型帶來發展機遇。

邊緣計算的架構如圖 3-2 所示，它包含雲層、邊緣計算層和設備層[7]。邊緣計算平臺允許邊緣節點響應服務需求，執行部分儲存和計算任務，不需要將資料交付雲端處理。它作為一種新的技術理念，可以有效減輕雲端的負荷、提升處理和傳輸效率、減少頻寬消耗和網路時延等。邊緣計算與雲端運算互為補充，可以有效支撐雲端的服務。

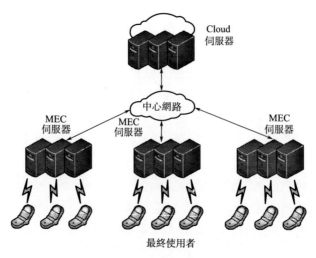

圖 3-2　邊緣計算架構

　　如果將邊緣計算應用於工業領域中的 CPS，它可以幫助 CPS 更好地實現處理執行的智慧化。以典型智慧製造模式為例，整個生產流程包括資訊採集、資訊處理、科學決策以及精準執行等過程，每一個環節各種智慧設備都將會產生大量的資料。為了實現對所有資源的優化配置並進行科學的決策，需要對資料進行快速有效的處理並進行即時分析，從而高效地做出科學的決策，指導整個系統的運行。

　　(2) 霧運算

　　霧運算（fog computing）是一種邊緣計算架構，旨在適應物聯網應用，它使用諸如邊緣路由器等靠近用戶的邊緣設備來執行大量的計算任務。它的主要特點是：它是一個完全分布式、多層的雲端運算架構，其中霧節點部署在不同的網路層次。雖然它在某些方面與 MEC 類似，但是與 MEC 的區別在於它將更適合物聯網的環境，物聯網設備更接近霧運算平臺而不是大規模資料中心。

　　霧運算平臺位於雲端平臺和設備之間，使用諸如路由器等邊緣設備執行計算任務和儲存任務，可以有效緩解網路負擔，減輕網路擁塞，減小傳輸時延，提高用戶滿意度，彌補傳統雲端運算在物聯網應用的不足。霧運算的組件霧節點分布廣泛，霧運算平臺的主要特徵是：它可以利用多個終端用戶或靠近用戶的邊緣設備之間的合作來幫助行動設備完成資料的處理任務和儲存任務。從霧運算的角度看，邊緣是核心網路和資料中心的一部分。霧運算的架構如圖 3-3 所示，它包含三層：雲層、霧層和設備層[8]，其中霧層可以根據要求包含多層。霧節點可以是小型基站、車輛、路由器甚至用戶終端，設備選擇最合適的霧節點進行關聯。

　　霧運算是另一種邊緣計算範式，如果將霧運算應用於工業領域中的 CPS，它可以幫助 CPS 更好地實現處理執行的智慧化。

　　首先，CPS 是智慧製造的核心，它在物理空間和資訊空間之間架起一座橋梁，驅動資料自動流動，完成對資源的優化配置。在此過程中，資料的處理尤為重要，需要一種分布式架構來高效地處理資料。霧運算正是這樣一種分布式架構，應用於智慧製造可以提高智慧製造系統中資料處理效率，增強系統性能。

　　其次，智慧製造生產過程中的各個生產環節其實構建了一個小型的物聯網生態系統。透過引入霧運算架構，各個生產環節可以高效進行，提高生產力。例如，首先透過感測器以及各種資料採集技術捕捉物理實體背後的隱性資料，完成隱性資訊的顯性化。然後透過引入霧運算架構，將資料的即時分析以及科學決策集中於網路邊緣設備，增加了本地計算和儲存資料的能力，資料的儲存及處理不再依賴伺服器，提高了資料處

理效率。最後將處理得到的決策應用於物理設備，使其能夠按照預期的
狀態運行。

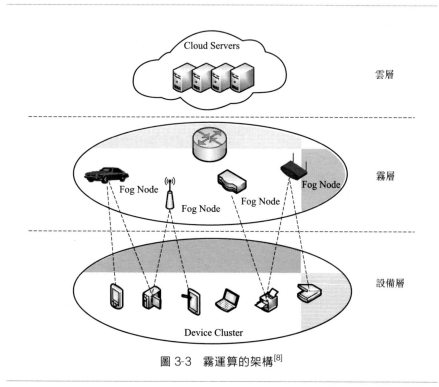

圖 3-3　霧運算的架構[8]

　　霧運算在智慧製造業中的應用前景非常廣泛，是智慧製造的關鍵技
術之一。它在智慧製造中的應用使生產設備智慧化，增強本地計算和儲
存能力，使本地設備可以即時分析，做出科學決策，從而改善運行狀態。
在 CPS 中應用分布式霧運算，不僅可以有效減少網路流量，使資料中心
的計算負荷減輕，而且可以使資料在短時間內得到有效處理，提高智慧
製造的系統性能。邊緣、霧和雲相互補充，使計算、儲存和通訊在雲和
終端之間的任何地方都成為可能。邊緣計算、霧運算與雲端運算相輔相
成，已成為智慧製造最有利的技術基礎之一[9]。

3.3.3　計算與執行層技術

(1) 製造執行系統

　　製造執行系統（Manufacturing Execution System，MES）是位於上
層的計劃管理系統與底層的工業控制之間的面向車間層的管理資訊系
統[10]，產生承上啓下的關鍵作用，是中國工業資訊化系統體系架構的核

心之一。

中國工業資訊化系統體系架構如圖 3-4 所示，由過程控制系統（Process Control System，PCS）、製造執行系統（MES）和企業資源規劃系統（Enterprise Resource Planning，ERP）/經理資訊系統（Executive Information System，EIS）構成。其中，過程控制層主要面向生產作業現場，製造執行層主要面向車間，管理決策層主要面向客戶。MES 遍布整個車間生產製造環節，負責生產管理和調度執行，不僅可以對車間所有資源進行即時追蹤記錄、分析處理，而且可以實現生產計劃調度、監控、資源配置和生產過程等的最佳化配合，實現生產過程的自動控制。

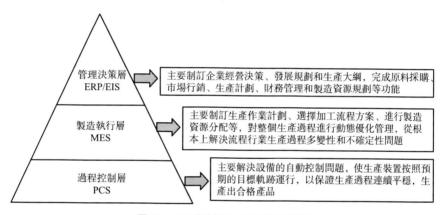

圖 3-4　工業資訊化系統體系架構

在工業資訊化系統體系架構中 MES 位於中間層，之所以會提出 MES，是因為資訊技術的發展使製造業逐步資訊化，但如何提高企業生產管理水準仍是個挑戰。因此，ERP 也被越來越多的企業關注。然而，ERP 引入到企業中有時會出現 ERP 系統與過程控制系統的脫節現象，原因是 ERP 系統與過程控制系統無法進行有效的資訊互動。因此，MES 便被引入，用作填補計劃層和過程控制層之間的空隙，在計劃層和過程控制層之間架起一座橋梁，使計劃層和控制層之間能進行互聯互通。

從生產過程的發展和進化可以看出，MES 不僅是智慧製造的關鍵所在，更是其發展所必需的。要想提高企業的效率和各項能力，在生產流程中必須著眼於管理層，不斷完善和優化各項資源。在現代化工業中，以資訊管理系統為媒介，資訊能夠得到充分的管理和傳遞，資源也能得

到充分的利用，無論在採購、儲存、生產、銷售、人員、財產還是物料方面，都能合理有效地發揮最大的作用，從而實現整體製造效率的提升[11]。ERP 無法對車間內的詳細生產現場進行規劃指導，這對生產製造來說是一個不可忽視的問題，因為沒有監控管理的生產現場無法保證生產品質。生產進行過程中到底發生了怎麼樣的狀況、遇到什麼樣的問題都不能及時匯報並得到處理回饋，由此便誕生了 MES 這樣一個紐帶，透過回饋進一步管理、優化生產製造。這樣的回饋是一個回溯過程，可以使上層更便捷地了解到諸如生產原料的提供廠商、提供時間、運輸方式、接收人資訊、生產技術人員資訊、生產中各個環節進行的時間、各項參數等[11]。根據這些資訊中存在或潛在的問題及時調整，有針對性地做出應對方案，能大大提高生產效率，充分提升客戶的滿意度。

　　MES 與 ERP、PCS 之間的關係如圖 3-5 所示，MES 是連接上層計劃管理和底層控制之間的重要環節[10]。首先，MES 與 ERP 的合作可以為客戶提供更細化、快速反應、帶有一定柔性的生產環境。其次，MES 與 PCS 的合作，可以使生產資料、狀態等上報及時，同時使管理計劃層得到可靠的真實資料更加及時。作為上層計劃管理和底層控制之間的重要環節，MES 與 ERP、PCS 的合作可以實現計劃管理層和底層控制層的無縫銜接，使企業能夠實現生產過程的自動控制，增加企業隨機應變的能力，提高企業競爭力。

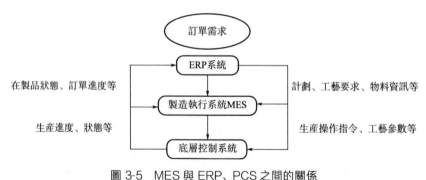

圖 3-5　MES 與 ERP、PCS 之間的關係

　　自 MES 問世以來，它的影響力已經逐漸擴展到了全球各地，MES 在許多實際生產經營中已經展現出強大的應用價值和進一步發展的潛力，目前，已經對 MES 進行投入使用的市場包括車輛、冶煉、醫療、石油化工、食品加工等，均取得了可觀的經濟效益。研究報告[12] 調查研究結

果顯示，採用 MES 的企業可以平均縮短製造循環時間 45％、縮短資料錄入時間 75％、減少生產過程的操作量 17％、減少文件及紙介轉換量 56％、縮短交貨週期 32％、提高品質水準 15％、減少文件/圖紙的丟失率 57％，同時促使一系列 MES 研發公司的建立，以及一系列相關軟體產品的誕生。

MES 是智慧產業的關鍵環節，它以精益生產為理念原則，為產業鏈提供有力的管理支持，強化資訊互動和過程控制，使生產製造更加規範、高效求精。隨著市場經濟的發展，承擔執行角色的 MES 便搭起了計劃與控制之間的橋梁：一方面上層將指令傳達給 MES，MES 透過計算、分析建模，將計劃操作指令進行細化、深化和具體化；另一方面 MES 將指令傳達至底層進行生產操作，並及時對產品狀況進行回饋。

不同的生產鏈需要實施不同的管理和調度模式，不同行業甚至不同項目也會在運轉過程中出現個性化分化，這些都使 MES 逐漸具有獨特的差異性和多樣性[12]。隨著大眾對 MES 性能和產品的要求越來越高，單一的車間調度管理系統已經在逐漸喪失吸引力，只具有基礎性能的 MES 也不再能滿足市場的需求。在物理資訊化的擴展與深入大形勢下，為提升工業核心競爭力，應用高級排程技術（Advanced Planning and Scheduling，APS）、動態成本控制以及具有進行精細化管理、差異化管理、適用柔性製造應用模組的 MES 越來越為市場所關注。MES 中所涉及的關鍵技術包括高級排程技術、動態成本控制、射頻識別技術、感測技術等。

高級排程技術是 MES 中用於解決生產排程和生產調度問題的一項關鍵技術。對於離散行業，它主要解決的是多工序、多資源的優化調度問題；對於流程行業，它主要解決的是順序優化問題。APS 以供應鏈和約束理論作為基礎，運用大量的數學模型和模擬技術解決問題，在計劃排程的過程中充分考慮企業的資源數量和能力限度，以複雜的運算法則進行計算，從海量的可行方案中擇出最佳投入使用，完成產業鏈中的計劃、分析、優化、裁決等環節。

APS 的概念起源於早前的約束理論和最佳化生產技術，它的發展則是建立於人工智慧、電腦科學及多重管理技術的發展之上的。APS 的核心是算法，但實際應用中並不是採用某種單一的方案，而是將多種算法（如線性規劃、約束理論、模擬等）有機結合。為了達到卓越的計劃能力，APS 系統具有以下特徵[13]。

a. 並行計劃（Concurrent planning）：APS 可以根據目標對計劃進行整體、同步的優化。例如 APS 根據訂單順序和緊急程度，擇出優先進行

生產排程的訂單。

b. 約束計劃：APS 可以考慮各種約束進行優化。例如確定所選訂單所需的原材料等。

c. 計算速度快。

d. 決策支持：APS 可用於事前模擬分析，也可以用於事後計劃與結果的比對。例如確定生產加工的開始時間和所需總時間，並可在生產結束後對比。

e. 即時性：APS 具備快速反應機制，可根據最新情況作出適當安排。在實際生產中，經常會出現一定程度的突發狀況，如插單、訂單取消、資源材料匱乏、機器故障失常、人員重大變動等，都會導致實際進度與計劃排程不再相符。此時需要快速重新調整方案，及時重排以使進度恢復正常。

APS 以高效的算法為支撐，以電腦系統為有力基礎，透過對資源材料、生產進度等排程，保證生產環節的順利緊湊，使生產計劃更為完善、精確，生產過程更加合理。常用的算法包括線性規劃、遺傳算法、約束理論和啓發式算法等[13]。

MES 的另一關鍵技術是動態成本控制。動態成本控制指產業中實際生產成本與目標成本的管理，結合實際情況對目標成本進行控制。成本控制是生產中的重要環節，是生產順利進行的前提和基石。成本控制的成效不僅與生產進度相關，還直接影響產業的經濟利潤，優化的成本控制能提高企業收益，最大限度地降低材料消耗。動態成本控制並不是一個新穎的理念，很多企業也已建立了具有動態管理特性的運作系統。但由於實施難度不小，加之現階段各企業面臨的環境也愈漸複雜，大部分動態管理體系還不盡完善，所以成本控制這一環節越來越引起人們的關注。

此外，採用射頻識別技術（Radio Frequency IDentification，RFID）和感測技術，可以使 MES 系統的智慧物流模組在企業運用中對各項物料進行生產過程中的追蹤、監控以及品質追溯，可以減少盜竊損失，提高送貨速度，實現貨車車輛自動調度，節省人力成本以及減少車輛擁堵，從而提高物流的流通效率，降低整個庫存成品。RFID 和感測器技術在本書的第 4 章將會詳細闡述，在此不再詳述。

在眾多關鍵技術的組合支持下，MES 對車間人、物和設備進行即時監控，了解整個車間的生產狀況，並及時回饋給管理層，還能對整個業務生產流程進行優化，讓企業在保證品質的情況下最大限度地降低生產成本，提高生產效率。

基於 MES 的生產流程緊湊而有序，整個系統圍繞高質高效的最初理念和最終目標，最大化地實現精益製造。它以企業生產策略為理念，以最終成果績效為方向，以現場為中心，以效率和安全為聚焦。MES 強化產品生產加工流水線的控制，使生產節奏視覺化，更加透明合理，使任務計劃能充分、按時完成。此外，由於 MES 的目標之一是加快應答速度，生產過程中的異常情況警報會在第一時間得到響應，並由 MES 給出分析對策，最終高效解決。MES 不單一作用於某一細節，它是總體的優化和調控，強化生產的全部過程，使產品生產所需的時間大大縮短，減少冗餘時間和非必需的人員耗費，保證和提升成品的品質，最大限度地創造企業收入利潤，是提高科技影響力和生產競爭力的強大支撐。

MES 與 CPS 具有一致的設計原則和實施目標，所有的規劃都以少成本、高時效、低能耗為中心思想，這與實際各個產業的需求相貼合。兩個系統都採用多結構的機制，在安全性、穩定性的前提之下，它們既是一個有機的整體，也需要各層之間相互互動延伸，協同推進發展。CPS 與 MES 的系統結合，為企業加快資訊化步伐、提高產品品質和生產製造過程的安全性產生了極大的推動作用，為打造智慧工廠提供了有力的保障。在智慧製造突飛猛進的今天，CPS 的系統成分將更加豐富多元化，MES 將與更多體系協調運作，其自身優化也將進一步促進 CPS 發展，這都將為人類社會帶來巨大而深刻的變革。

（2）GPU 和 FPGA

超密集的計算需要大量的硬體資源，目前對於密集型計算可採用圖形處理器及現場可編程門陣列的方式。本節對這兩個概念進行介紹。

圖形處理器（Graphics Processing Unit，GPU），顧名思義是專為執行複雜的數學和幾何計算而生的，是基於大的吞吐量設計的[3]。GPU 擁有數百個硬體處理單元，這使成百上千個核可以同時跑在非常高的頻率（如 GHz）上，並且最新的 GPU 峰值性能可以高達 10T flops。此外，GPU 每個處理單元都是深度多線程的，因此即使有的線程停止工作，其他的線程還可以繼續工作。GPU 有較多的核（也被稱為「眾核」），每個核擁有相對較小的緩存空間，數位邏輯運算單元少而簡單。因此對於 GPU 而言，若想使其優勢最大化，那麼最好使每個核在同一時間做同樣的事情，這也使 GPU 成為處理海量資料的「專才」。所以與 CPU 擅長的邏輯控制、串行運算不同，GPU 更擅長的是大規模的並行計算，對資料元素進行大量的計算，因此在 GPU 上運行計算密集型的程式和易於並行的程式更有優勢。另外，GPU 的記憶體介面頻寬較寬，而伺服器端的機

器學習算法需要頻繁地訪問記憶體，所以在這一點上有利於將 GPU 應用於機器學習[5]。

現場可編程門陣列（Field-Programmable Gate Array，FPGA）用硬體描述語言編程進行電路設計，並且可以根據需求的不同而將 FPGA 內部的邏輯塊與連接進行改變，因此 FPGA 作為專用集成電路中的一種半客製電路出現[4]。FPGA 最大的特點便是靈活性，它可以根據特定應用編程，例如機器學習中某些應用採用的是多指令流單資料流（Multiple Instruction Stream Single Data Stream，MISD）架構，即單一資料需要用許多條指令進行平行處理，此時 FPGA 占有更大優勢。FPGA 減少了受制於專用晶片的束縛，而使設計者更能根據需求客製電路並且在優化過程中更改設計。其次，FPGA 的內部程式採用並行的運行方式，可以同時處理不同的任務，高效率工作。除此之外，FPGA 內部有著豐富的觸發器與 I/O 引腳，這樣使 FPGA 可以方便地與外設連接。同時，FPGA 還具有功耗低的特點，但其總功耗還要考慮程式的執行時間長短。

綜上，CPS 在環境感知的基礎上，深度融合 3C 技術——計算、通訊和控制，使物理資源與計算通訊資源可以緊密地結合與協調，將計算系統與物理系統統一起來。

3.4 CPS 安全技術

CPS 安全問題是決定 CPS 能否被廣泛使用的關鍵因素之一。由於 CPS 引入了更多來自物理系統的因素，所以其安全問題相比於傳統 IT 系統的資訊安全更加複雜。CPS 採用的大多是通用操作系統，並且依賴網路通訊來增強其開放性，資訊空間和物理空間的深度融合使得透過攻擊資訊空間進而侵入物理空間更加可能，這就使得在帶來重要技術優勢的同時安全風險也隨之增加。CPS 一旦被成功攻擊，系統的運行將會受到嚴重破壞，因此對 CPS 安全問題的研究具有較高的必要性。

3.4.1 CPS 安全要求

CPS 的安全分類和傳統 IT 系統一樣，也可以分為完整性、機密性和可用性，但這些分類在 CPS 的環境下又有著新的含義[2]。

① 完整性（即資料資源完整可信的特性） CPS 的完整性要求系統內部各個單元發送和接收資料的一致性能夠得到保證，沒有得到授權的用戶不能對其進行修改。

② 機密性（即保證未授權用戶無法獲取機密資訊能力的特性） CPS 的機密性要求系統能夠保證在系統內部（感測器、控制器以及執行器）之間的通訊資料不會被竊取。

③ 可用性（即基於系統需求的資源是否可使用的特性） CPS 的可用性對系統的要求是必須一直處於正常工作狀態。

除了上述三個要素之外，很多 CPS 在可用性的基礎上，還對軟體的即時性、時間的準確性同樣有嚴格的要求[14]。

雖然 CPS 的安全分類和傳統 IT 系統一樣，但是這三個要素在 CPS 與傳統 IT 中的重要程度大不相同。傳統 IT 更加關注關鍵資訊的可靠性與保密性；而 CPS 最關注的是系統的可用性，其次是完整性與機密性。CPS 是物理系統與資訊系統的融合，透過對物理系統的感知，資訊系統進行分析、計算、控制物理系統執行相關動作，例如對於交通系統、水電站等這樣的物理系統而言，如果對其可用性進行破壞，將會對正常生活造成巨大影響[14]。如果對 CPS 中控制資訊的完整性進行破壞，就會導致物理系統無法正確進行執行操作。

3.4.2 CPS 安全威脅

(1) 資訊感知層安全威脅

在 CPS 中，資訊感知層是感知資料的來源，同時也是控制命令得以執行的場所，這是一個由感測器網路組成的封閉系統，這一層若想與外部網路進行通訊則必須透過網路節點。感知層的網路節點大多數都是在無人監控的環境之下進行部署的，因此特別容易成為破壞目標，遭受到外部網路的入侵[2]。目前針對感知層的主要安全威脅包括：透過對感知節點本身進行的物理攻擊，導致資訊泄露、資訊缺失；透過長時間占據通訊頻道，導致頻道阻塞，使資料無法進行傳輸；透過控制系統的大部分節點來削弱冗餘備份等。因此，在感知層需要建立入侵檢測以及恢復機制，從而及時發現攻擊並解決，提高系統的健壯性。同時，為了降低控制內部節點的惡意行為，需要對內部節點採取信任評估機制。除此之外，為了保障內外感測資訊的安全傳輸，還必須考慮在內部感知節點與外部網路之間建立相互信任機制。同時，由於感知層對資料的處理能力、儲存能力和通訊能力有限，因此難以應用傳統的公鑰密碼以及調頻通訊等安全機制。

(2) 通訊資料傳輸層安全威脅

CPS 的通訊傳輸層利用 5G 未來網路作為核心承載網路，而 5G 未來網路本身的架構、網路設備和接入方式都會給 CPS 帶來一定程度上的安全威脅[15]。同時由於通訊傳輸層存在海量節點和海量資料，這就可能導致網路阻塞，進而容易受到 DoS（Denial of Service）/DDoS（Distributed Denial of Service）攻擊。另外，CPS 更多採用的是異構網路結構，而異構網路之間進行的資料交換、網間認證、安全協議的銜接等也都會給 CPS 帶來一些安全問題。

非法入侵者能夠透過 DoS 攻擊、認證攻擊、跨網攻擊、路由攻擊等方式影響核心網對各地區域網路的感知與計算，從而導致系統無法及時執行任務，甚至無法進入穩定狀態。這一層主要傳輸控制命令和路由資訊，因此這兩者是攻擊者的主要攻擊目標。對控制命令進行篡改、偽造、阻塞或重放等操作，會直接或間接影響物理系統的正常運轉、執行命令。另外，攻擊者可以對路由資訊進行惡意更改、錯誤路徑或選擇性轉發、偽造虛假路由資訊等，進而導致路由混亂，使內部節點之間的通訊不能正常運行。目前針對感知層的主要安全威脅包括：干擾正常的路由過程的路由攻擊；對終端感知層與資料傳輸層網路之間資料傳輸的匯聚節點進行破壞的匯聚節點攻擊；導致網路路由混亂的方向誤導攻擊；造成資料包丟失的黑洞攻擊等。

(3) 計算與執行層安全威脅

CPS 透過計算與執行層實現資源的共享，並智慧地影響和控制物理世界。對於 CPS 的即時性要求，核心網透過增加時間參數的解析和處理模式，根據時間約束要求和判斷，給出處理響應和確定是否執行。

本層存在著大量種類各異的應用，並且這些應用還儲存著大量用戶隱私資料（如用戶健康狀況、消費習慣等），因此對於 CPS 中的隱私保護問題必須加以重視。由於這些應用不僅數量多，種類也紛繁複雜，所以不同種類應用的安全需求也不盡相同。就算是同一安全服務，對於不同用戶而言，其含義也可能完全不同，因此其針對於安全問題的技術設計要採用差異化服務的原則，這對 CPS 的安全策略帶來了巨大的挑戰[2]。

應用軟體的系統漏洞和用戶隱私是攻擊者的主要攻擊目標[15]。另外，應用層為了改善應用服務，會對海量用戶進行資料探勘，而這一技術在為用戶提供便利的同時也使用戶個人隱私面臨更大的泄露

風險。

3.4.3 CPS 安全技術

CPS 的安全技術研究主要分為資訊安全和控制安全兩個方面[2]。在資訊安全方面，主要研究如何在高混雜、大規模、協同自治的網路環境下收集資訊、有效處理資訊和共享資訊資源，研究熱點主要是如何提升現有安全技術水準、如何為用戶隱私提供保護、如何更高效地處理海量加密資料等；在控制安全方面，主要研究如何在松散耦合、開放互聯的網路化系統結構下進行安全控制等問題，研究熱點主要是如何降低甚至克服入侵對控制系統控制算法的影響。

下面從 CPS 的三個層次來介紹相關安全技術。

（1）資訊感知層安全技術

CPS 的感知層主要涉及各個節點基礎設施的物理安全、感知資料的採集以及控制命令的執行，是 CPS 安全的基礎。資訊感知層包含感測器、執行器、RFID 標籤、RFID 讀寫器、行動智慧終端等各種物理設備，主要負責從物理環境中感知和獲取資料並且執行相關系統控制命令[15]，需要保障這些設備的安全。資訊感知層透過分布在各種物理設備上感測器獲取與辨識物質屬性、環境狀態等大規模分布式的資料和狀態，然後透過通訊傳輸層將獲取到的資料傳輸到網路內部進行處理並回饋至執行器進行相對應的操作，進而與外界物理環境進行互動。感知層是一個由感測網路組成的封閉系統，因此感測網路自身的安全問題是設計感知層安全技術的主要考慮對象[2]。另外，由於感測節點的硬體結構相對簡單，所以其通訊、計算和儲存能力非常弱，不容易達到傳統保密技術的要求。

內部感測節點容易受到外部網路的攻擊，所以要對節點的身分進行一定的管理和保護，這會在一定程度上延長節點的認證時間，因此在實際應用中需要透過權衡系統的安全性和效率，制定出一個較為平衡的節點認證策略，對內部節點進行身分認證和資料完整性驗證、異態檢測和入侵檢測，建立節點信譽度評價等機制[15]。攻擊者可能會惡意散布相關資訊使得感知節點無法感知到正確的資訊，為了更高效可靠地保護節點感知資料的安全性，可以採用生物識別和近場通訊等相關技術。此外，還需考慮保障感測資訊的安全傳輸問題，建立感測節點與外部網路之間的互信機制，採用輕量級的密碼算法與協議、可設定安全等級的密碼技術、感測網路密鑰協商、建立安全路由等[15] 一

系列措施。

(2) 通訊傳輸層安全技術

通訊傳輸層主要透過互聯網、局域網、通訊網等現有網路進行資料傳輸，實現資料互動[15]。未來 CPS 通訊傳輸層由 5G 作為核心承載網，為其進行即時通訊和資訊互動提供支撐。另外，可在傳輸資料的同時，透過邊緣計算等進行智慧處理和管理海量資訊。在這一層中，攻擊者主要集中攻擊控制命令和路由資訊。資料傳輸層的安全機制可以綜合利用點到點加密機制和端到端加密機制，進而保障系統中通訊資料的安全[16]。

其中，點對點加密機制主要包括節點認證、逐跳加密以及跨網認證等，這種安全機制對節點的可信性有較高的要求，但能夠使資料在逐跳傳輸過程中的安全得到保障，並且在傳輸過程中每個節點都能夠得到明文資料。另外，端對端加密機制主要包括端到端的身分認證、密鑰協商以及密鑰管理等，這種安全機制能夠根據不同的安全等級提供靈活的安全策略，進而保障端到端的資料機密性。

(3) 計算與執行層安全技術

計算與執行層是將物理和資訊兩大模組融合的橋梁，使 CPS 得以完成計算過程以及數據資料等的共用。

本層的安全主要聚焦於邊界防護。網路邊界容易受到入侵和攻擊破壞，防範的重要性高。相應的安全技術能夠對 CPS 網路遭受的破壞進行即時監測，高效保障整個網路的安全性，同時區分不同的應用層和各區域依次部署，具備各異的特色同時又相互兼容。CPS 計算與執行相關的關鍵技術有很多：首先是分層分域縱深隔離部署體系，它的特點是能夠主動進行安全防護，監測網路邊界的入侵，及時作出隔離等安全防護措施。其次在異構多域網路方面，有網路結構脆弱性分析、加密安全傳輸和跨網認證等相關防護，同時能夠對網路安全進行測試和評估；在路由方面，包括彈性路由、多路徑路由、可重構覆蓋網路等技術，能夠增加網路負載上限、強化吸收並優化恢復功能；在訪問方面，有對網路的越權訪問和違規行為的即時監督管理措施等[17]。

CPS 執行決策系統和各種特定應用背景下的軟體系統主要負責互動的功能。計算與執行層對由通訊傳輸層傳輸來的資訊進行抽象化處理，並且透過預設規則和高層控制語義規範的判斷生成執行控制命令，然後透過通訊傳輸層將執行控制命令回饋至底層物理單元，最後由執行器根

據命令進行相關操作[18]。透過大量不同種類的應用使 CPS 與各種相關行業專業應用結合，從而實現廣泛化、智慧化。

計算與執行層會從外界獲取海量資料，該層在對海量資料進行智慧處理的同時，需要對資料的安全和用戶的隱私資料提供保障。由於應用種類各異，其相對應的安全需求也就多種多樣，所以安全技術設計要遵循差異化服務的原則，提供具有客製化、有針對性的安全服務。在很多應用場景中，在系統認證過程的同時需要用戶提交隱私資訊。為了有效防止資訊的非法訪問和泄露，需要加強系統的訪問控制策略，建立並加強在不同場景下的身分認證機制和加密機制，進一步加強網路取證能力[19]。另外，在不影響各個應用正常工作的同時，應為 CPS 建立起一個統一而高效的安全管理平臺，保障資訊安全。

參考文獻

[1] 李傑. CPS 新一代工業智慧. 邱伯華，等譯. 上海：上海交通大學出版社，2017.

[2] 中國電子技術標準化研究院. 資訊物理系統標準化白皮書[R]. 北京：中國電子技術標準化研究院，2016.

[3] 劉彥文. 嵌入式系統原理及介面技術. 北京：清華大學出版社，2011.

[4] 彭蔓蔓，李浪，徐署華. 嵌入式系統導論. 北京：人民郵電出版社，2008.

[5] Edward Ashford Lee, Sanjit Arunkumar Seshia. 嵌入式系統導論：CPS 方法 Introduction to embedded systems: a Cyber-Physical Systems approach. 李實英，賀蓉，李仁發，譯. 北京：機械工業出版社，2012.

[6] 宋延昭. 嵌入式操作系統介紹及選型原則. 工業控制電腦，2005，18（7）：41-42.

[7] Wang S, Zhang X, Zhang Y, et al. A Survey on Mobile Edge Networks: Con-vergence of Computing, Caching and Communications. IEEE Access, 2017, vol. 5: 6757-6779.

[8] Shi W, Cao J, Zhang Q, et al. Edge Computing: Vision and Challenges. IEEE Internet of Things Journal, 2016, vol. 3, no. 5: 637-646.

[9] 張放. 霧運算開啓萬物互聯新時代. 人民郵電，2017-04-20：6.

[10] 黃學文. 製造執行系統（MES）的研究和應用[D]. 大連：大連理工大學，2003.

[11] 陳明，梁乃明，等. 智慧製造之路：數位化工廠. 北京：機械工業出版社，2017.

[12] 中國工程院，國家自然科學基金委. 大數據與製造流程知識自動化發展策略研究：研究報告，2016.

[13] 李中陽. 基於 APS 與 MES 集成的生產計劃和排程研究 [D]. 天津：天津大學，2005.

[14] 彭崑嵛，彭偉，王東霞，等. 資訊物理融合系統安全問題研究綜述資訊網路安全.

2016,（7）：20-28.

[15] 李釗，彭勇，謝豐，等.資訊物理系統安全威脅與措施.清華大學學報（自然科學版），2012, 52（10）：1482-1487.

[16] 李琳.資訊物理系統（CPS）安全技術研究.自動化博覽，2016,（7）：58-61.

[17] 肖紅，程良倫，張榮躍，等.智慧製造資訊物理系統安全研究.資訊安全研究，

2017, 3（8）：727-735.

[18] 張恆.資訊物理系統安全理論研究[D].杭州：浙江大學，2015.

[19] 陳功譜，曹向輝，孫長銀.資訊物理系統安全問題研究進展.南京資訊工程大學學報（自然科學版），2017, 9（4）：372-380.

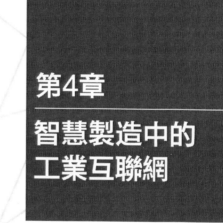

第4章

智慧製造中的
工業互聯網

4.1 智慧製造中的資料傳輸難題與挑戰

　　資訊通訊技術（Information and Communication Technology，ICT）已經向人類活動的各個領域全面滲透，並從根本上改變了人類的生產和生活方式。工業資訊物理融合系統（Cyber-physical System，CPS）是計算和物理過程不斷互動的系統，需要對數量龐大的智慧設備現狀進行即時資料採集和資訊互動，透過網路化控制手段對物理設備進行必要的控制和干預。因此，需要高效的資料傳輸系統來支撐智慧製造系統有條不紊地運轉。

　　在本章中，首先介紹智慧製造中資料傳輸系統的現狀；然後針對智慧製造中資料傳輸系統需要做的工作，分析和總結資料傳輸系統所具備的功能；最後根據資料傳輸系統的現狀以及功能需求，歸納出智慧製造中資料傳輸過程中可能遇到的難題與挑戰。

4.1.1 資料傳輸系統的新發展

　　自 1960 年代開始，控制室和現場儀表之間採用電氣訊號傳輸，電動組合儀表如控制器、顯示儀表、記錄儀等開始大量使用，工廠自動化控制體系初步形成。嚴格地說，電纜上的電氣訊號傳輸還不能稱之為工業控制網路。

　　1970 年代中期出現的集散控制系統（Distributed Control System，DCS），是控制體系結構的一次大變革，可以認為是第一代工業控制網路。在早期的 DCS 產品中，現場控制站間的通訊是數位化的，資料通訊標準 RS-232、RS-485 等被廣泛應用，而現場控制站與儀表間的通訊仍部分採用模擬訊號。

　　1980 年代後期出現了現場總線技術（FCS），將數位化、網路化推進到現場儀表層，替代模擬（4～20mA/DC 24V）訊號，實現了控制系統整體的數位化與網路化。國際電工委員會（IEC）在 IEC 61158 標準中對現場總線的定義是：安裝在製造或過程區域的現場裝置與控制室內的自動控制裝置之間的數位式、串行、多點通訊的資料總線。國際電工委員會在 2000 年 1 月通過了 IEC 61158 國際標準，該標準包括 8 種類型的現場總線標準。現場總線的發展非常迅猛，但也暴露出許多不足，具體表現為：現有的現場總線標準過多，未能形成統一的標準；

不同總線之間不能兼容，不能真正實現透明資訊互訪，無法實現資訊的無縫集成；由於現場總線是專用即時通訊網路，成本較高；另外現場總線的速度較低，支持的應用有限，不便於和 Internet 資訊集成。

　　1990 年代開始出現了工業乙太網技術，指在工業環境的自動化控制及過程控制中應用乙太網的相關組件及技術。工業乙太網採用 TCP/IP，和 IEEE 802.3 標準兼容，但會加入各自特有的協議。為了突破現場總線控制系統發展中出現的標準過多、互不兼容、速率低、難以與其他系統進行資訊集成的瓶頸，工業乙太網技術能夠適應企業管控一體化的要求，實現企業管理層、監控層和設備層的無縫連接，降低系統造價，提高系統性能。工業乙太網技術直接應用於工業現場設備間的通訊已成大勢所趨。據美國權威調查機構 ARC（Automation Research Company）報告指出，Ethernet 不僅繼續壟斷商業電腦網路通訊和工業控制系統的上層網路通訊市場，也必將領導未來現場總線的發展，Ethernet 和 TCP/IP 將成為工業自動化控制系統的基礎協議。

　　工業無線技術興起於 21 世紀初，透過無線自組網實現感測器、控制器和執行器間的互聯與資料傳輸，構成了工業感測/控制網。工業無線技術適合大規模組網應用，可以實現智慧儀表的即插即用。目前，工業無線網路與測控系統已成為工業控制領域的新熱點。隨著用戶對更高性能無線網路的迫切追求，無線接入技術也在頻繁地更新換代，現有的無線通訊環境將會出現多種無線接入技術並存發展的情況，從而建立了具有不同無線接入技術的異構通訊網路。

　　傳統的行動蜂窩網路已經經歷了第四代行動通訊技術，並且人們對於第五代行動通訊技術研究也在如火如荼進行中。首先，第一代行動通訊系統是模擬通訊系統；其次，自第二代行動通訊系統以來，都升級為數位通訊系統，其中第二代行動通訊系統是以 GSM、IS95 為代表，以及以 WCDMA、TD-SCDMA 和 CDMA2000 為代表的較高性能的第三代行動通訊系統；第三，為了能夠為用戶提供更高傳輸速率，第四代行動通訊標準已經面向全世界廣泛商用，並且全球範圍內的 4G 設備已經基本完成部署。可以預見，4G 行動通訊系統無法滿足用戶對未來行動通訊系統的需求。因此，為了支撐行動通訊產業的快速發展，人們已經將目光移向到下一代行動通訊系統——第五代行動通訊系統的研究。

　　另一方面，以 IEEE802.11/a/g/b/n/ac 標準為代表的無線局域網，由於能夠高速接入以及成本較低，已經得到了人們廣泛認可並且加以應用。另外，超寬頻、Zigbee、藍牙、終端直通技術（Device to Device,

D2D）等短距離無線通訊技術，數位電視廣播以及衛星通訊技術等，都為人們提供更廣泛的網路覆蓋以及更快速的網路接入。因此，將會形成多種無線接入網路相互並存的異構網路，如圖 4-1 所示。未來無線通訊系統將不再是單一的無線接入技術獨立存在，而是一個包含多種無線接入技術的異構網路。

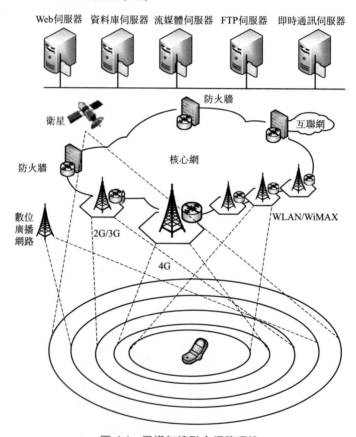

圖 4-1　異構無線融合網路環境

4.1.2　資料傳輸系統的功能需求

進入 21 世紀以來，各國製造業均面臨著嚴重的資源、能源和環境壓力。從製造業本身來講，迫切需要轉型升級，向高效化、節約化、綠色化、智慧化發展。另外，資訊技術的飛速發展產生了推動作用：物聯網

豐富了海量資料獲取的手段，雲端運算為海量資料的儲存提供全新的介質，大數據分析使海量資料的高效分析成為可能，行動互聯網真正實現了無處不在的計算。在製造業內在需求拉動和外在使能技術推動的雙重作用下，中中國外紛紛提出智慧製造相關發展策略。

智慧製造系統是由很多具有通訊、計算和決策控制功能的設備組成的多維度開放式智慧系統，支持建造國家甚至全球範圍內的大型或者特大型物理設備聯網，使物理設備具有計算、通訊、精確控制、遠端協調及自治功能，所有設備相互合作，使整個系統處於最佳狀態。因此，工業互聯網是整個智慧製造系統的重要組成部分，支撐著整個系統的高速運轉。工業互聯網的基本特徵是大規模、多樣化、異質異構。工業互聯網透過工業資料流的互動、軟硬體之間的互聯互通進行智慧決策，達到智慧製造的目的。為了實現工業資料流互動、智慧設備的互聯互通以及海量運行資料的獲取，工業通訊網路在工業互聯網中扮演著極其重要的角色。對於工業互聯網而言，「大規模」意味著工業互聯網終端節點規模大、數量多、分布廣；「多樣化」意味著業務需求不同、業務種類多樣；「異質異構」意味著多網並存，終端類型不一。這三個特點給工業互聯網中大規模異質終端節點的高效互聯帶來了極大的挑戰。

傳統的工業互聯網可支持的終端節點往往只有幾個到數十個，當節點數量繼續增加且呈現異質性時，有限的網路容量難以容納節點的接入，使得節點之間存在複雜的干擾關係，系統的開銷就會陡然增加從而導致系統性能急劇惡化。目前，已有的大規模網路是美國國防部先進計劃研究局（DARPA）資助的下下一代網路（Wireless Network After Next，WNAN），該網路首次實現了 100 個節點的組網，但是更大規模的組網目前還未出現。面對工業互聯網的超大規模、超級異構、超高性能和超級安全等需求，工業無線網路在綜合頻道接入控制、儲存與訪問控制機制、網路資源優化與調配、動態拓撲覆蓋控制、高性能的傳輸機制以及新型安全防護機理等方面都面臨著嚴峻挑戰[1,2]。與傳統無線網路不同，工業無線網路需要在設計和應用時，充分考慮以下因素。

① 高可靠　工業無線網路應能夠在惡劣的工業環境中保持穩定的資料傳輸能力，且能夠適配不同的業務類型需求（例如，承載控制類業務的網路要求資料傳輸成功率為 99.999％）。

② 廣覆蓋　未來工業無線網路應該保證在複雜工業環境下實現無縫連接、深度覆蓋，確保訊號的傳輸範圍。

③ 超密集　為了實現所有設備的聯網，充分探勘海量資料的內在規律，未來工業無線網路必須能夠承載高密度接入、高動態變化。

④ 低時延　眾多的工業無線應用要求時延小於 100ms 甚至更低（如控制類業務端到端時延毫秒級，時延抖動微級別），因而要求工業通訊的承載網路具備足夠低的時延。

⑤ 靈活性　在理想情況下，工業領域的無線系統應該能夠簡單地實現與有線系統相同的功能。因此，要求工業無線產品具備充分的可操作性和靈活性、安裝部署方便，並支持與不同行業的各類工業應用系統的對接。

⑥ 安全性　工業領域的相當一部分應用涉及國防、軍事等國家安全問題，因此無線系統的安全性變得十分重要，尤其當網路規模不斷擴大時，認證、授權、接入控制等都需要特別考慮。

4.1.3　資料傳輸難題與挑戰

工業網路高效互聯需要完成兩個核心功能，第一個核心功能就是工業網路自身的控制資訊傳輸與互動需求，這是整個工業網路能否正常工作、運轉的基礎。第二個核心功能是業務資料的傳輸與互動需求，這是實現智慧製造的前提。與傳統的網路不同，工業網路環境更加複雜，業務品質需求更加嚴格。如依據實現功能的不同，工業網承載的資料業務類型主要有「控制類」「採集類」和「互動類」三種，不同的業務類型對應著不同的業務品質需求。

為了實現智慧製造系統整體優化，在大數據和工業互聯網的環境下，當前企業需要資訊集中式管理，基於全局化的資訊資源為整個系統優化決策提供支撐，同時製造物理過程以智慧體的方式分布式運行，即智慧製造系統需要滿足資訊集中管理、功能分布運行的需求。主要面臨以下挑戰。

(1) 實現複雜工業環境下現場資訊的即時、可靠、低功耗獲取與高效融合

流程工業控制與監測對通訊的確定性和即時性具有很高的要求。如用於現場設備要求延遲時間不大於 10ms，用於運動控制不大於 1ms，對於週期性的控制通訊，使延遲時間的波動減至最小也是很重要的指標。此外，在流程工業應用場合，還必須保證通訊的確定性，即安全關鍵和時間關鍵的週期性即時資料需要在特定的時間限內傳輸到目的節點。即使設備處於漫遊狀態也有此要求，否則會喪失即時性能。隨著大量感知設備接入網路，各類感知資料資訊數量龐大、資訊容量巨大、資訊關係複雜，有許多問題需要解決。例如，如何對大量多源異構資訊進行協同

與融合；如何透過認知學習使資訊之間以及資訊與知識之間能夠有效融合，更好地理解周圍環境，估計事物發展態勢；如何加快融合處理，降低時延，滿足其時空敏感性和時效性；如何提高資訊和資源的利用率，支持更有效的推理與決策，改善系統整體性能。

　　無線介質不像有線介質那樣處在一種受保護的傳輸環境之下。在傳輸過程中，它常常會衰變、中斷和發生各種各樣的缺陷，諸如頻散、多徑時延、干擾、與頻率有關的衰減、節點休眠、節點隱蔽和與安全有關的問題等。雖然這些影響無線傳輸品質的因素都可以透過在 ISO 通訊 7 層模型的各層中採用適當機制加以克服或減輕，但是無線技術所固有的受發射功率、頻帶串擾、空間穿透性等限制而導致的錯包、丟包、通訊非確定等問題在目前還無法從技術上得到根本解決，而必須根據具體的應用現實環境，對各層所採用的機制進行組合優化，以求得最好的綜合通訊性能。

（2）多源異構、多尺度資訊高效傳輸機制與動態優化

　　現有流程自動化系統可以按照縱向和橫向分成多個子系統。這些系統獨立運行，有限的設備網、總線網和工業乙太網雖然實現了互聯，但是仍存在大量資訊孤島，給跨領域、跨層次的資訊集成共享帶來困難。

　　工業環境下的有線/無線相結合的通訊網路構建問題是未來 5～10 年的重點研究領域。透過針對特殊工業環境下的資訊採集、傳輸、回傳等機制探討，結合下一代無線通訊網路的飛速發展，解決特定場合下通訊網路的部署運維問題。此外，結合大數據思想，分布式預處理傳輸機制研究也是未來的重點發展領域。需要結合資料探勘思想對資訊進行提取，傳輸更高層次的語義資訊，使機器具有高度智慧。

（3）建立 QoS 保障的系統自感知、自計算、自組織、自維護機制

　　工業現場控制網路中傳送的資料資訊，除了傳統的各種測量資料、報警訊號、組態監控和診斷測試資訊以外，還有歷史資料備份、工業攝影資料、工業音訊影片資料等。這些資訊對於即時性和通訊頻寬的要求各不相同，因此要求工業即時通訊網路能夠適應外部環境和各種資訊的通訊要求的不斷變化，為緊要任務提供最低限度的性能保證（Guaranteed-Response，GR）服務，同時為非緊要任務提供盡力（Best-Effort，BE）服務，從而確保整個工業控制系統的性能。在即時性應用中，單個資料包必須不超過某個延時時間，如果包來得太遲，它就沒有應用價值，典型的應用是工業現場中測量與控制訊號的傳送。在這種應用中，遲到的包和丟失的包都會引起麻煩。

為此，應根據工業現場控制系統即時通訊的要求和特點，制定相應的系統設計、流量控制、優先級控制、資料報重發控制機制等策略，以保證網路通訊的即時通訊品質需求（Quality of Service，QoS）。

（4）確保工業互聯網中資料傳輸的安全、可信與可控

從本質上講，任何網路均存在資訊安全的問題，如駭客、服務拒絕、資料篡改、竊聽等。除此之外，工業無線技術還有一些獨特的安全威脅種類：一種叫 HELLO 泛洪法，這是一種較特殊的拒絕服務攻擊，它透過利用無線感測器網路路由協議的缺陷，允許攻擊者使用強訊號和高能量讓節點誤認為網路有一個新的基站；另一種叫陷阱區，即攻擊者能夠讓周圍的節點改變資料傳輸路線，使其經過被俘獲的節點或者陷阱，從而破壞資料的機密性和完整性。

4.2 工業互聯網中的關鍵組網技術

4.2.1 無線中繼技術

（1）無線中繼技術的基本概念

1979 年，Cover T 等提出了經典的三節點中繼模型，並且推導出中繼鏈路的容量理論[3]，三節點中繼模型如圖 4-2 所示。它是由源節點、中繼節點以及目的節點組成的。人們在此研究基礎上展開了對無線中繼技術深入的研究，在文獻［4,5］中，作者擴展了無線中繼技術的研究方向，首次提出了合作分集技術，透過多個用戶之間的相互幫助，達到空間分集的效果，利用空間分集增益提升網路系統容量。

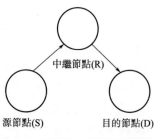

圖 4-2　經典的三節點中繼模型

近年來，業界開始關注全雙工模式下的無線中繼技術，以及中繼技術與多天線相結合。對於全雙工模式下的無線中繼技術，中繼節點在接收源節點傳輸資料，同時它利用相同的頻譜資源向目的節點發送訊號，這樣可以提升無線資源的利用效率。另外，在無線中繼系統中，中繼節點可以採用多天線技術形成多天線中繼系統，從而充分發揮中繼技術和多天線技術的優勢，進一步提升邊緣用戶的速率以及網路覆蓋面積。

（2）無線中繼技術的特點

無線中繼技術已經應用於多種無線通訊系統中，透過中繼節點對傳輸訊號放大或者譯碼轉發，擴大訊號覆蓋面積，從而幫助超出傳輸範圍的兩個通訊節點進行通訊。下面將對無線中繼技術的特點進行深入分析[6~9]。

① 擴大網路覆蓋範圍　當需要通訊的兩個通訊節點相距較遠時，由於路損、衰落等因素的影響，兩個通訊節點將無法完成資料傳輸，從而網路覆蓋面積將會變小。對於傳統的蜂窩網路，如果兩個用戶需要進行通訊，那麼需要基站中轉將兩個用戶連接起來。但是如果用戶與基站相距較遠，用戶或者基站無法收到對方的傳輸訊號，這樣終端用戶將會處於網路覆蓋盲區，它們將不能完成資料傳輸。另外，在感測器網路中，當兩個通訊節點相距較遠時，也無法完成資料傳輸，這樣限制了網路覆蓋範圍。而無線通訊網路引入無線中繼技術，可以利用中繼節點的轉發功能，降低路損和衰落等因素的影響，解決在網路覆蓋密度相對較低的區域內處於盲區的終端用戶無法完成正常通訊的難題，從而擴大無線網路覆蓋範圍。

② 改善邊緣用戶體驗　當用戶處於網路邊緣時，接收到來自基站或者中心節點的傳輸訊號功率較小，但是受到其他網路的干擾功率相對較大，這樣導致訊號傳輸速率相對較小，從而達不到用戶對服務品質的需求。在無線網路引入無線中繼技術後，網路邊緣用戶不需要直接與中心節點或者基站進行相連，可以藉助於中繼節點的中轉轉發，與基站或者中心節點進行良好資料傳輸。

③ 增強網路負載均衡　對於傳統的蜂窩網路，某一個小區連接數可能會比較大，使小區的業務量非常大，這樣可能會導致網路負載嚴重不均衡。而當引入無線中繼技術之後，負載較嚴重的小區邊緣用戶可以透過中繼節點轉發，連接到負載較輕的相鄰小區基站，從而增強了整個網路的負載均衡。

④ 降低網路建設成本　在傳統的蜂窩網路中引入無線中繼技術，在系統網路中增加一定量的中繼中轉站。由於中繼中轉站不需要像基站那

樣利用光纜與核心網相連，天線高度也比基站的天線高度低很多，減少了網路開銷。

透過上述分析，無線中繼技術能夠很好地擴大覆蓋面積，提升網路性能。但是在實際中，中繼技術也會帶來一些問題。比如加入中繼節點之後，在它完成中繼功能的同時，它對於其他節點是一個干擾源，對於整條中繼鏈路的性能也會產生影響，如何有效地利用中繼技術來提升網路性能是人們關注的焦點之一。另外，現在人們主要關注中繼技術與其他技術的結合，比如同時採用同頻全雙工技術、Massive MIMO、D2D通訊技術。

（3）無線中繼技術的分類

基於以上技術特點，無線中繼技術可從以下幾方面進行分類。

① 轉發訊號模式[6]　　根據中繼節點轉發訊號的模式不同，可以分為譯碼轉發模式（Decode and Forward，DF）和放大轉發模式（Amplify and Forward，AF）。在 AF 模式下，當中繼節點接收到發送節點傳輸的訊號後，將其訊號功率放大一定的倍數，其他不做任何處理，然後將訊號轉發給目的節點。在 DF 模式下，中繼節點接收到傳輸訊號後，首先將傳輸訊號進行全部譯碼，檢測接收訊號是否正確，如果檢測訊號正確，那麼按照預定的編碼方式將訊號重新編碼，最後將訊號轉發給目的節點。AF 模式相比 DF 模式處理過程比較簡單，相應的處理時間較短，容易實現，缺點是當放大有用訊號時，也放大了噪音。而 DF 模式透過譯碼再編碼的方式，避免了噪音和頻道對其訊號的影響，然而相比於 AF 模式，其處理過程比較複雜，相應的處理時間較長，不易實現。

② 雙工模式[10]　　按照雙工模式劃分，中繼可以分為半雙工中繼和全雙工中繼，如圖 4-3 所示。半雙工中繼節點只允許在某段時間內發送或者接收訊號，並且源節點到中繼節點以及中繼節點到目的節點利用不同的時隙或頻譜來完成資料傳輸；而全雙工中繼節點允許利用相同的頻譜在同一時間內既能接收訊號又能發送訊號。由此可見，利用全雙工中繼技術可以提升無線資源利用效率以及端到端傳輸性能。在理想情況下，相比於半雙工模式的中繼系統，全雙工模式的中繼系統的端到端速率能夠提升一倍。但是，在全雙工模式下的中繼系統中，由於中繼節點既要接收訊號又要發送訊號，這樣將會引入自干擾，降低源節點到中繼節點的接收訊號與干擾加噪音比（signal to interference plus noise ratio），從而影響整個端到端鏈路性能。

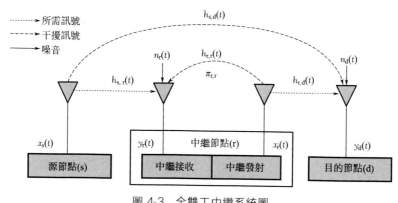

圖 4-3　全雙工中繼系統圖

　　對於全雙工技術的應用，最主要的缺點是收發信機工作在全雙工狀態下的自干擾問題，自干擾無法完全消除。現階段，人們已經在自干擾消除方面做了很多研究，並且取得了很多成果[11]。針對自干擾消除技術，形成了空域、模擬域和數位域聯合消除的技術方案，並且實現了對於 20MHz 頻寬訊號自干擾消除能力在 115dB 以上。由於自干擾消除技術的快速發展，可以將自干擾消除到可控的範圍內。因此，現在人們比較關注全雙工技術在無線網路中的應用問題，並且全雙工無線網路研究主要集中在全雙工中繼網路和全雙工蜂窩網路研究。

　　③ 資訊流傳輸方向[12]　　根據資訊流傳輸方向不同，可以分為單向中繼和雙向中繼。在此，也是利用經典的三點中繼系統進行介紹單向中繼和雙向中繼。對於單向中繼，傳輸方向是單向的，並且其雙工模式為半雙工，單向中繼不能充分利用時隙資源，頻譜利用效率較低。雙向中繼是兩個源節點透過中繼節點相互交換資訊，它充分利用系統時隙資源提升整個系統的頻譜資源。文獻［32］介紹了三種不同的雙向中繼傳輸系統，如圖 4-4 所示，其中 S_a 和 S_b 可以作為源節點也可以作為目的節點，並且在雙向中繼系統中，中繼節點都工作在全雙工模式下，源節點和目的節點不存在直接鏈路。

　　圖 4-4(a) 利用四個時隙完成整個傳輸過程，其實這相當於兩個單獨的單向中繼過程，但是整個過程需要占用四次頻道，這樣使時隙和頻譜資源利用率低。圖 4-4（b）整個傳輸過程只需要三個時隙：在第一時隙中，源節點 S_a 將資訊發送給中繼節點 R，在第二個時隙中，源節點 S_b 將資訊發送給中繼節點 R，在第三個時隙中，中繼節點 R 以廣播形式同時向 S_a 和 S_b 發送資訊，然後 S_a 和 S_b 根據已知資訊作為參考資訊，譯

出對方源節點所發送的資訊，這樣相比於傳統的雙向中繼方式，時隙和頻譜資源利用率有所提高。圖 4-4(c) 是利用兩個時隙完成整個傳輸過程：在第一個時隙中，源節點 S_a 和 S_b 以多址接入方式同時向中繼節點發送資訊；在第二個時隙中，中繼節點 R 以廣播形式同時向 S_a 和 S_b 發送資訊，然後 S_a 和 S_b 分別根據已知資訊譯出另一個源節點所發送的資訊。圖 (c) 的傳輸方式與圖 (a)、(b) 相比進一步提升了時隙資源和頻譜資源利用率。

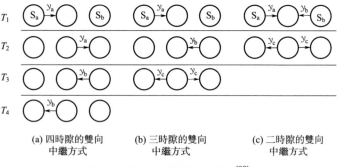

(a) 四時隙的雙向　　　　(b) 三時隙的雙向　　　　(c) 二時隙的雙向
　　中繼方式　　　　　　　　中繼方式　　　　　　　　中繼方式

圖 4-4　雙向中繼傳輸系統圖[32]

④ 中繼網路拓撲架構[13]　　根據中繼網路拓撲架構不同，可以分為單中繼系統、多中繼並行系統以及多中繼串行系統。相對於單中繼系統，多中繼系統是由多個中繼節點來幫助源節點和目的節點完成通訊的，而多中繼系統又可以分為多中繼並行系統和多中繼串行系統。多中繼並行系統如圖 4-5 所示，源節點與目的節點有多個中繼節點可供選擇，源節點選擇其中一個中繼節點與目的節點建立通訊鏈路。

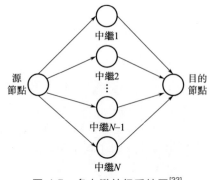

圖 4-5　多中繼並行系統圖[33]

　　另一種多中繼系統為多中繼串行系統（圖4-6），在源節點與目的節點之間加入多個中繼節點，源節點發送訊號經過多個中繼節點到達，將原有 SINR 比較差的單跳鏈路分解成多個 SINR 比較好的多跳中繼鏈路，從而提高端到端鏈路性能。

源節點　中繼1　中繼2　中繼N-1　中繼N　目的節點

圖 4-6　多中繼串行系統圖

（4）無線中繼技術在智慧製造中的應用

　　無線中繼技術可應用於智慧製造系統中，解決其資料傳輸系統的資料採集和無線傳輸等問題，具體主要展現在以下兩個方面。

　　① 資料採集方面　在製造工廠中，存在物理資料、監測資料、管理資料和控制資料等資訊，各種資訊對傳輸和處理的需求各不相同，對於監測資料以及管理資料的獲取，基本上都是透過大量的傳輸器節點採集的，然後根據獲取的大量資料資訊，動態地管理和調整智慧製造系統的運轉。但是，感測器節點發射功率較低，發射距離和覆蓋範圍有限，因此感測器節點之間採用多跳中繼轉發方式，將採集到的資料匯聚到中心節點，進而傳輸到管理中心，從而實現製造資訊回饋和共享，完成整個生產過程的視覺化監控以及智慧管理。這樣組網成本低，容易部署，節省能量。

　　② 資料傳輸方面　在智慧製造系統中，資料傳輸系統可以分為無線工業本地網和無線工業廣域網。對於無線工業本地網，結合工業本地資訊/控制中心，能對某一個較小區域實現資訊化和數位化，其關鍵是將工廠中的設備和系統狀態傳遞到資訊系統中，充分發揮感知、傳輸、儲存、資料分析探勘和優化控制等方面的優勢。另外，無線工業廣域網利用現有 3G、4G 網路或未來 5G 網路作為基礎，實現廣域互聯，使各大地區資料能夠匯聚到雲端平臺主控制中心。但是在資料傳輸中，無線頻道將會受到衰落和頻道時變特性的影響，這樣將會影響無線資料傳輸的可靠性，出現通訊面積小的問題，使通訊設備無法連接到網路中。這時，在資料傳輸過程中，就需要利用無線中繼技術，提高資料傳輸可靠性、增加用戶接入數量以及擴大網路覆蓋面積。

4.2.2　自組織網路技術

4.2.2.1　自組織網路技術的基本概念

　　自組織網路由無線行動節點組成，是無中心、自組織和自癒的網路。該網路不需要任何中央基礎設施的管理，網路中的節點可以隨意加入或退出網路且不需要告知其他節點。網路中的節點既可以當作主機又可以當作路由器，它們互相合作，透過無線鏈路進行資訊的交換。由於節點可以行動，所以網路的拓撲結構會時常發生變化。由於節點天線的覆蓋範圍有限，資訊源節點存在無法與資訊目的節點直接通訊的可能性，因此需要一個或多個中間節點的幫助。

4.2.2.2　自組織網路技術中的 MAC 協議

　　媒體訪問控制（MAC）協議決定節點在何時可以發送分組，且通常控制對物理層的訪問。MAC 協議性能的好壞直接影響了頻道利用率的高低，因此對自組織網路的性能起著非常重要的作用。下面將介紹自組織網路 MAC 的三個類型（圖 4-7），這三種協議的區別在於各自的頻道訪問策略不同。

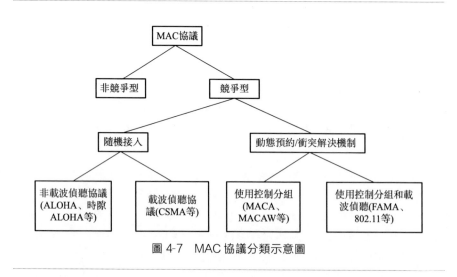

圖 4-7　MAC 協議分類示意圖

（1）競爭類

　　競爭類的協議是透過直接競爭決定頻道的訪問權，透過隨機重傳解決碰撞問題。它又分為兩個子類，一類是隨機接入機制，另一類是動態

預約/衝突解決機制。

　　對於隨機接入機制，所有節點都可以根據自己的意願隨機發送資訊，從而獲得動態頻寬，這比較適合業務流量隨機的自組織網路，但是用戶想要發送資訊時會立刻發送，而不考慮其他用戶，這就容易引起多節點資料發送衝突的問題。

　　ALOHA 協議是隨機接入機制中比較典型的協議。這個協議的主要特性是缺少對頻道訪問的控制，當節點有分組發送時允許節點立即發送，這導致了非常嚴重的碰撞問題，需要像自動重傳請求這樣的回饋機制保證分組的交付。同樣，碰撞問題也會導致頻道利用率非常低。由於這些問題，後來提出了時隙化 ALOHA 協議，它採取類似於 TDMA 的方式，透過全網同步將頻道劃分為等長時隙，且要求資料分組長度等於時隙長度。時隙化 ALOHA 協議強迫每個節點一直等到一個時隙開始才能發送其分組，這就縮短了分組易受碰撞的週期，從而使得頻道利用率提高了一倍。在這之後，又提出了時隙化 ALOHA 協議的一個改進版本——持續參數 p 的時隙化 ALOHA 協議，這個持續參數的範圍是 $0 < p < 1$。它表示一個節點在一個時隙內發送一分組的機率，減小持續參數 p，雖然可以減少碰撞次數，但是增大了時延。

　　載波偵聽多址訪問（CSMA）協議是隨機接入機制中另一個典型協議。在採用 CSMA 協議的網路中，節點在發送分組前，先對周圍訊號強度進行檢測，如果訊號強度未超過設定的閾值，則認為頻道空閒，可進行通訊；如果訊號強度超過了設定的閾值，就認為有其他節點正在進行通訊，要退避等待，推遲對頻道的訪問。根據退避策略的不同，可將 CSMA 協議分為三種：非堅持、1-堅持和 p-堅持。在非堅持 CS-MA 協議中，節點監聽到頻道繁忙就不再監聽轉而進行退避。在堅持 CSMA 協議中，1-堅持 CSMA 協議就是當節點監聽到頻道忙碌後仍然一直監聽，頻道空閒就立即發送分組；而 p-堅持 CSMA 協議則是非堅持 CSMA 協議和 1-堅持 CSMA 協議的折中，當節點監聽到頻道繁忙後以機率 p 繼續監聽頻道，以機率（$1-p$）退避一段之間後重新檢測。

　　動態預約/衝突解決機制是為了解決網路中隱藏終端的問題而提出的。多址接入衝突避免（MACA）協議採用了衝突避免機制並引入了握手機制。在發送資料之前，發送節點首先向目的節點發送一個 RTS 控制幀，這個幀中有資料報文的長度資訊，當目的節點受到 RTS 幀後，馬上向發送節點返回一個 CTS 控制幀。對於收到 RTS 幀的其他節點，

要延遲一段時間後才能發送訊號以保證發送節點能夠正確接收到目的節點返回的 CTS 控制幀，延遲時間由 RTS 幀中資料報文的長度決定。當其他節點收到由目的節點返回的 CTS 幀時，也要實施退避算法延遲發送以避免衝突的產生。若發送節點收到了目的節點返回的 CTS 幀，就會進行資料傳輸，否則就會認為 RTS 因衝突而被破壞，這時發送節點就會進行二進制指數退避算法，過一段時間後重新發送 RTS 幀。

MACAW（MACA for Wireless）協議是 MACA 協議的改進。首先添加了鏈路層確認機制，採用 RTS-CTS-Data-ACK 握手機制，發送節點首先發送 RTS 幀，若未收到目的節點返回的 CTS 幀，則啟動計時器，當計時器超時就重新發送 RTS 幀；對於接收節點，如果接收到 RTS 幀則返回 CTS 幀，如果正確收到 Data 則返回 ACK。其次對退避算法做了改進，對於退避計時器，在重發 RTS 幀時，如果收到 CTS 幀，退避計時器不變；如果收到 ACK，退避計時器按照乘法增加線性減少（MILD）算法減小；如果沒收到任何回應，則按 MILD 算法增加。最後增添了兩個新的控制分組（即 RRTS 和 DS），利用 DS 幀告知暴露終端延遲發送，當暴露終端接收到許多 RTS 幀而又不能回復時，由暴露終端發起 RRTS 通知鄰節點競爭開始以提高節點的競爭效率。

IEEE 802.11 MAC 協議包括兩種工作模式：集中協調功能（PCF）和分布式協調功能（DCF）。DCF 透過載波偵聽多路訪問/衝突避免（CSMA/CA）機制為異步資料傳輸提供了基於競爭的分布式頻道訪問方式；PCF 則是建立在 DCF 的基礎之上的，也支持異步資料服務。利用輪詢機制，PCF 可以為延遲受限服務提供集中式的和無競爭的頻道訪問方式且具有一定的 QoS 支持能力；另外為了避免衝突，PCF 需要一個協調器集中控制媒體訪問。很顯然，如果上述方式採用了集中控制，將不能應用於自組織網路當中。所以，如果自組織網路試圖利用 IEEE 802.11 協議，就只能進行異步的資料服務。

（2）分配類

分配類 MAC 協議可以分為固定分配類協議和動態分配類協議兩種。固定分配類協議是事先為每個節點分配一個固定的傳輸時隙，而動態分配類協議是按照需求分配時隙。

對於分配類 MAC 協議，有時分多址訪問（TDMA）協議、五步預留協議（FPRP）、跳頻預留多址訪問（HRMA）協議等。這裡只介紹 TDMA 協議，這個協議可以分為固定分配類 TDMA 和動態分配類 TD-

MA 兩種。

固定分配類 TDMA 的傳輸時隙是事前分配好的，固定分配協議的傳輸時隙要根據網路整體參數來進行安排。典型的 TDMA 協議按照網路中的最大節點數量安排傳輸時隙，假設網路中有 N 個節點，那麼 TDMA 協議使用的幀長度是 N 個時隙，每個節點都會被分配一個固定的時隙用於資訊的傳輸。每幀中每個節點只能訪問唯一的時隙，所以不會產生碰撞的問題。但系統的時延與幀長有關，所以對節點數多的網路劣勢尤為凸顯。

在自組織網路中，節點的自由行動會導致網路的拓撲結構發生變化，這樣就很難預測網路的整體參數，也就無法使用固定分配類 TDMA 協議。基於上述現象，產生了只使用本地參數的分配協議，即動態分配類 TDMA 協議。本地參數只涉及指定網路內的有限範圍，如一個參考節點的 3 跳範圍內的節點數量。動態分配協議使用這些本地參數為節點確定分配傳輸時隙。由於本地參數是動態變化的，所以傳輸時隙的安排也就隨之變化，從而適應網路的變化。

（3）混合類

混合類 MAC 協議是競爭類 MAC 協議和分配類 MAC 協議的組合，是為了解決競爭類和分配類 MAC 協議在不同網路環境的應用中受限的問題，這類協議兼顧競爭類和分配類協議的特點，例如 PTDMA、混合 TDMA/CSMA、ADAPT、Z-MAC 等，其中應用廣泛的為 PTDMA 和 TDMA/CSMA 協議（圖 4-8）。

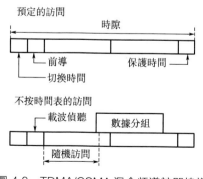

圖 4-8　TDMA/CSMA 混合頻道訪問協議

TDMA/CSMA 混合協議永久地給每個網路節點分配一個固定的 TDMA 傳輸時隙安排，同時節點還可以透過基於 CSMA 的競爭來收回和

（或者）重新使用任何空閒時隙。節點可以在分得的時隙內立即訪問頻
道，最大可以發送兩個資料分組。

4.2.2.3　自組織網路技術中的路由協議

　　在自組織網路中，網路的拓撲結構是動態變化的，這個特性使得路
由技術成為這種網路的關鍵技術之一。目前存在的路由協議大致分為如
圖 4-9 所示的兩大類。

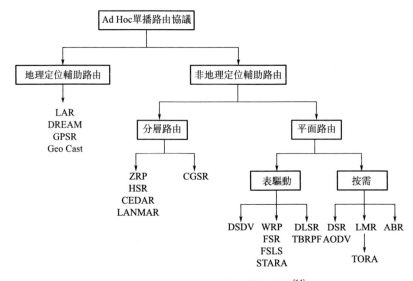

圖 4-9　Ad Hoc 單播路由協議分類[14]

（1）平面路由

　　平面路由協議的網路結構較為簡單。在平面路由網路中，節點都處
於平等的地位，路由轉發功能相同，節點間協同完成資料轉發。平面路
由協議分為兩種：主動式路由協議和按需路由協議。

　　① 主動式路由協議　　主動式路由協議也稱作表驅動路由或者先應式
路由。如果自組織網路應用了主動式路由協議，那麼網路中的每個節點
都將維護一張包含到達其他節點路由資訊的路由表。當檢測到網路拓撲
結構發生變化時，節點在網路中發送更新消息，收到更新消息的節點將
更新自己的路由表，以維護一致的、及時的、準確的路由資訊，所以路
由表可以準確地反映網路的拓撲結構。源節點一旦要發送報文，可以立
即獲得到達目的節點的路由。這種路由協議的時延較小，但是路由協議

的開銷較大。這類路由協議包括目的序列距離向量協議（DSDV）[15]、最佳化鏈路狀態（OLSR）[16] 等。

DSDV 路由協議是一種無環距離向量路由協議，每個行動節點都需要維護一個路由表，路由表的表項包括目的節點、跳數、下一跳節點和目的節點號。其中目的節點號是由目的節點分配的，主要用於判別路由是否過時，並可防止路由環路的產生。每個節點必須週期性地與鄰居節點交換路由資訊，這種交換可以分為時間驅動和事件驅動兩種類型。在節點發送分組時，將添加一個序號到分組中，節點從鄰居節點收到新的資訊，只使用序列號最高的記錄資訊，如果兩個路由具有相同的序列號，那麼將選擇最佳的路由（如跳數最小）。因為需要週期性的更新，且為了建立一個可用的路由，DSDV 需要較長的時間才能收斂，不適用於對時延要求高的業務。

OLSR 協議是經典鏈路狀態算法的最佳化版本，使用逐跳路由，也就是說每個節點使用本地資訊為分組選擇路由。這個協議中的主要概念是多點中繼（MPR），MPR 是專門選定的節點，用於在泛洪過程中轉發廣播消息。OLSR 協議採用了三個優化技術：一是多點中繼技術，在網路泛洪時只允許 MPR 節點轉發廣播消息；二是只允許選作 MPR 節點產生鏈路狀態資訊；三是 MPR 節點選擇只報告自己與其選擇器之間的鏈路狀態。

② 按需路由協議　它是一種當節點需要發送資料包時才查找路由的路由算法。在這種路由協議中，網路中的節點不需要維護及時準確的路由資訊，只有當向目的節點發送資料包時，源節點才在網路中發起路由發現過程，尋找相應的路由。與先驗式路由協議相比，按需路由協議不需要週期性的路由資訊廣播，開銷比較小，但是由於發包時要進行路由發現過程，因此引入了路徑建立時延。AODV（On-Demand Distance Vector Routing）[17] 是典型的按需驅動路由協議。

AODV 協議是一個建立在 DSR 和 DSDV 上的按需路由協議，採用 DSDV 逐跳路由、順序編號和路由維護階段的週期更新機制。在協議中，當中間節點收到一個路由請求分組後，它能夠透過反向學習來取得源節點的路徑，目的節點最終收到這個路由請求分組後，可以根據這個路徑恢復這個路由請求，在源節點和目的節點間建立了一條全雙工路徑。AODV 協議的特點在於它採用逐跳轉發分組方式，同時加入了組播路由協議擴展，其主要缺點是依賴對稱式鏈路，不支持非對稱鏈路。

（2）分層路由

隨著網路規模的增大，節點數量也不斷增加，每個節點都要維護整個網路的拓撲資訊是非常困難的，而分層路由能解決這個問題。在分層路由協議中，以簇為單位對所有節點進行層次劃分，每個簇包含一個或多個簇頭和網關節點。簇頭用來維護簇內所有節點的資訊，而網關節點則負責相鄰簇之間的通訊。也就是說，網關節點可以和多個簇頭通訊，即屬於多個簇。但是，除了網關節點之外的簇內節點只能與簇頭通訊。簇內節點可以直接通訊到簇頭節點或者經過多跳連接到簇頭節點。在一個分層結構的路由協議中，簇內和簇間可以選擇使用不同的協議算法。分層路由協議中節點失效和拓撲的改變都很容易修復，只需要簇頭節點來決定如何在簇內更新資訊就可以。

分層路由協議有以下優點：由於網路被劃分為不同的層次，每層維護本層的路由資訊，層與層之間互動的資訊很少，這樣更適用於大規模網路；透過組合使用路由策略，能夠解決主動式路由協議中過量的控制消息流量問題和按需路由協議中長時延的問題。分層路由協議也存在一定的缺點：由於簇頭的特殊角色，所以簇頭發生故障會對整個簇的通訊產生影響。節點的位置是在不停變化的，簇的維護和管理比較複雜。

（3）地理位置資訊輔助的路由

平面路由和分層路由都是非地理位置資訊輔助的路由，這些協議中的節點都只知道自己的邏輯名稱，節點要透過路由探測獲取全網的拓撲結構以及節點之間的鏈接關係和鏈接特性，由此確定路由。地理位置路由協議假設源節點知道目的節點的位置資訊，這一假設可以透過位置服務來實現，也就是說節點需要配備 GPS 等設備。地理位置路由協議的基本思想是：發送節點利用目的節點的位置資訊來傳遞資料，位置資訊代替節點的網路地址。網路中的節點不需要維護整個網路的拓撲資訊，只需要維護鄰近節點的位置資訊即可，資料轉發時選擇離目的節點最近的節點作為下一跳，即盡可能地向目的節點靠近。

在地理位置路由協議中有三種主要的機制：單徑、多徑和洪泛。在單徑路由機制中，資料包只有一個副本，按照唯一的路徑傳輸。而洪泛機制則是廣播資料包並產生大量的副本，在整個網路中傳輸。

位置輔助路由（LAR）協議是一種典型的利用源節點位置資訊的路由協議。該協議透過 GPS 獲取位置資訊，透過位置資訊控制路由查找範圍，也就是透過限制路由發現的洪泛來減少控制報文的數量。地理位置路由協議能夠降低控制開銷，且更具擴展性和容錯性。然而，即時的位

置資訊在使用時可能並不準確，因此協議設計時需要權衡好維持位置資訊的即時性和控制開銷之間的關係。

4.2.2.4　自組織網路技術在工業互聯網中的應用

自組織網路起源於戰場環境下分組無線網資料通訊項目，是一種具有多跳傳輸、拓撲結構鬆散、可擴展性強和分布式自適應的自組織無線網路。

自組織網路能夠提高資料傳輸的可靠性。在自組織網路中，節點具有報文轉發能力，節點間的通訊可能要經過多個中間節點的轉發，即經過多跳，這是自組織網路與其他行動網路的最根本區別。因此，在工業環境中由於電磁環境複雜或是距離過遠使得資料接收端和設備的直接通訊出現問題時，可基於網路中的節點轉發，提高設備上報本地資料到資料接收端的可靠性，使無線網路在工業領域中的應用得到更大發展。

自組織網路適合用於設備發生故障等緊急情況。自組織網路不依賴於固定的網路設施，特別適合無法或者不能預先鋪設好網路設施的場合以及需要快速組網的場合。當工廠中某些通訊網路的固定基礎設施發生故障無法正常工作時，就會影響工廠工作的正常進行，而行動自組織網路這種不依靠基礎設施的網路能夠快速實現部署，無需基礎設施。

自組織網路在工業生產過程中有兩個典型的應用，一個是應用於連軋廠連續退火生產線爐輥軸承溫度檢測系統[18]，另一個是應用於油田採油生產資訊無線監控系統[19]。

冶金行業重視設備狀態監測技術的研究。在冷軋帶鋼廠，連續退火生產線（CAL）具有生產線長、設備密集和自動化程度高等特點，穩定可靠的設備運行狀態是提高生產效率、改善產品品質的重要保障。CAL中有爐輥、風機等數百個重要輥軸，大部分用軸承支撐。對軸承狀態的監測是保障生產長期、連續、穩定運行的重要手段[18]。與軸承壽命有直接關係的是軸承的溫度，軸承發生故障時通常伴有溫度的變化，因此透過監測軸承的溫度變化來追蹤軸承的工作狀態是一種比較有效的方法。並且溫度變化通常具有一定的緩變性，便於分時處理，每次只需要採集幾字節的資料，對傳輸頻寬的要求不高。系統分為上位機和設備兩個部分。設備透過模擬量直接採集溫度感測器資料資訊並進行處理，將資料資訊發送給上位機。用戶可以透過上位機介面查看設備的資訊，及時追蹤和監控軸承的工作狀態，並且可以對網路設備進行配置、發送命令等操作。

　　油田大多位於沼澤、沙漠、盆地、淺海等區域，交通通訊等設施較為落後。油田的採油場中各種設施的工作狀態及採出油品的資料（主要有溫度、壓力、示功圖、電機參數等）直接關係到油田生產的穩定及原油品質。油井一般分散於方圓幾十平方公里甚至上百平方公里的區域，需要每日定時檢查設備運行情況並測量、統計採油資料[19]。油田採油生產資訊無線監控系統是針對油田生產過程開發的採油井即時生產資訊監控系統，由無線溫度/壓力儀表、一體化無線示功儀、電機參數無線監測儀等硬體儀表和油田採油生產系統管理軟體組成，能夠實現抽油井示功圖監測、溫壓監測、電機狀態監測及示功圖量油、採油井故障報警、診斷等功能。工業無線網路用於油田現場資料採集，在井口獲取資料（通常這些資料值的變化較緩慢），監控中心電腦透過無線遠端獲取這些資料進行分析、處理、診斷，並發出各種控制命令，從而實現各單井狀態的集中監控，縮短了故障發現和排除週期。

4.2.2.5 自組織網路技術存在的挑戰

(1) 傳統的無線問題

　　無線媒介既不是絕對的，也沒有易於觀測的邊界線，超出分界線的節點接收不到網路分組。無線頻道易受外部訊號干擾，無線媒介相對於有線媒介是不可靠的。無線頻道具有時變特性和非對稱傳播特性，可能出現隱含終端和顯現終端現象。

(2) 頻寬有限

　　不同於有線頻道，無線頻寬是一種非常寶貴的資源。由於無線頻道自身的局限性，無線頻道能提供的網路頻寬相對於有線頻道低很多。無線頻道易受周圍環境的影響而表現出不穩定的現象，開放空間所引起的其他訊號與噪音的干擾以及無線接入時不可避免的競爭，這些原因都使得無線頻道的品質大大降低。此外，如果一旦在有線網路中建立了通訊，往往都是雙向的。而對於無線網路，由於受節點發射功率或者地形限制等因素的影響，很可能是單向無線頻道。

(3) 能源供應有限

　　由於自組織網路中節點的可行動性，就注定大多數的設備都是小型裝置，其電池供電能力極其有限。分組轉發的功耗很大，這就對行動節點將自己作為中間轉發節點起了限制作用。但是轉發節點又是必需的，如果沒有轉發節點，自組織網路就無法正常工作。透過改變發射功率可以控制電池的消耗，使用較小的發送功率會引起多跳的問題，但可以節省能量。

（4）儲存和計算能力有限

自組織網路中的節點設備都是提價比較小的便攜式終端，這類設備的 CPU 和儲存容量都很有限，所以在設計自組織網路的協議時，要盡可能簡單高效。

（5）網路安全問題

無線媒介使得自組織網路在面對從竊聽到主動干擾範圍內的許多攻擊顯得非常脆弱。自組織網路的節點是自治的，能夠獨立地隨機行動，這就使自己變成了比較容易被捕捉的目標。由分布式決策、缺乏集中式基礎設施、缺乏集中式安全證書權威機構造成的安全問題可能是最嚴重的威脅。總之，自組織網路中的資訊能夠在用戶完全不知情的情況下被偷聽、被篡改，網路服務也很容易被拒絕，所發送的資訊可能會透過很多不可靠的節點。由於自組織網路的協議是整個網路中節點相互合作共同完成的，所以整個自組織網路也會很脆弱。

4.2.3　即時定位技術

4.2.3.1　即時定位技術的基本概念

隨著科技的發展、工業生產的需求，定位技術在工業互聯網中的重要性與日俱增，逐漸演變為一大關鍵技術。目前較為廣泛的定位技術應用有建築工地上定位工人和設備、停車場裡定位車輛、醫院中定位人員位置、物流系統中的貨物定位等。定位技術可以分為室內定位技術和室外定位技術，工業生產中主要應用的是室內定位技術[20]。由於室內四周牆壁的阻擋，訊號衰減較大，且物品雜多，因此室內定位相對室外定位較為困難。室內定位技術一般採用狀態估計的方法。狀態估計器又稱為隨機濾波器，可以透過測量系統的噪音得出狀態變數的估計值。使用較多的是卡爾曼濾波器，尤其是針對高斯噪音的線性系統效果最佳。而室內定位問題是較為典型的非線性狀態空間模型，因此一般使用像擴展的卡爾曼濾波器和粒子濾波器等非線性濾波器。粒子濾波器又稱為蒙特卡洛定位，由於其在非線性環境下的絕佳性能和解決無初始位置資訊的全局定位問題的能力得到了廣泛應用[21]。而擴展的卡爾曼濾波器需要已知初始位置資訊，且只能解決局部定位問題[22]。粒子濾波器會導致樣本多樣性的損失。在通常情況下，當粒子數量較少時容易產生樣本貧化現象。針對於此類問題，對粒子濾波器進行了改進，得到了類似於正則化粒子濾波器、馬爾科夫鏈蒙特卡洛定位、卡爾曼濾波技術和粒子濾波技術相

結合的算法等優化算法。但是這些優化算法並不能完全解決樣本貧化問題。雖然到目前為止，已經提出了很多改進粒子濾波的方法，但是有效完全解決問題的方法並沒有出現。

近年來，基於 WSN 的即時定位系統受到研究人員的廣泛關注。即時定位系統（Real-Time Locating System，RTLS）是一種基於 WiFi、Zig-Bee 等無線通訊訊號的定位手段，基本分為被動式定位和主動式定位。即時定位系統中計算目標位置的定位算法一般有接收訊號強度指示（RSSI）、到達時間差算法（TDOA）、近場電磁測距算法（NFER）、到達角度算法（AoA）等。即時定位系統主要包含標籤、固定/手持式讀寫器和定位平臺系統。其中，標籤一般透過各種方式附著在定位的物體上，標籤中包含著物體的唯一編號（主動式標籤採用定時發射訊號的方式，被動式標籤則需要由讀寫器進行讀取）。固定/手持式讀寫器用於讀取並定位訊號覆蓋範圍內的標籤，並把讀取到的訊號上傳至定位服務平臺，定位平臺透過特定的定位算法對獲取的訊號進行處理，得到該物體的位置資訊。定位平臺系統作為上層應用系統，用於對讀寫器傳來的資訊進行處理，計算得到物體的位置資訊，以供各個客戶端下一步使用。即時定位技術一般多用於室內定位，常見的室內定位系統包括以下幾種。

（1）超音波定位技術

超音波定位技術大多採用反射式測距法，主要透過超音波的反射進行測量得到目標到多點的距離（結合三角形等幾何方法計算得到物體位置）。訊號源發射出特定頻率的超音波，同時接收目標發射出反射波，根據發射波和發射波的時間差得到發射機到目標的距離。超音波定位原理和系統結構都比較簡單，且定位的距離可以精確到公分。但同時，由於超音波訊號在傳輸過程中的衰減比較明顯，一般適合在較小的區域進行定位，且在應用過程中對超音波的衰減需要用一定方案進行克服。超音波對外界光線和電磁波不敏感，可用於黑暗、電磁波干擾強等惡劣環境下，因此在測距和定位中得到了廣泛應用。

（2）紅外室內定位技術

紅外室內定位技術的基本原理是透過室內固定的光學感測器接收紅外線 IR 標識發射的紅外射線進行定位。紅外定位技術比超音波的定位精度更高，但是由於紅外線不能穿過障礙物，容易受到燈光干擾，傳輸距離短，因此有時候定位效果很差，在定位技術的應用中有著很大的局限性。

（3）超寬頻定位技術

超寬頻技術是一種較為新穎的通訊技術，不需要傳統通訊體制的載波，透過發送和接收奈秒或奈秒以下的極窄脈衝來傳輸資料，因此可以獲得很高的頻寬。與傳統窄頻系統相比，超寬頻系統穿透力強、功耗低、抗多徑效果好、安全性高、系統複雜度低、定位精度高。

（4）射頻定位技術

射頻定位技術就是利用射頻方式進行非接觸式雙向通訊交換資料以達到定位目的。這種技術傳輸距離短、範圍大、成本低、定位速度快，而且標識的體積小、造價低，是一種很有前景的定位技術。目前，射頻定位的難點在於用戶安全隱私、國際標準化、理論模型的建立。

即時定位系統可以透過對生產對象的即時追蹤和定位有效地實現生產對象的精細化管理，提高生產效率和管理能力。針對室內即時定位系統，如果採用粒子濾波技術改善定位的精度，那麼如何降低計算複雜度將是個難題。如果為了滿足即時的要求而降低樣本數量，則有可能導致樣本貧化現象。另外，由精確的無線感測器網路產生的低測量噪音也會造成樣品貧化現象。在基於粒子濾波的即時定位系統中，這些必要條件必須嚴格滿足才能實現可靠的定位。

4.2.3.2　即時定位技術中的測距技術

（1）接收訊號強度指示 RSSI[23,24]

RSSI 技術的核心在於透過計算接收端接收到的訊號強度計算訊號源的位置，將訊號在空間傳播的損耗轉化為對應的距離資訊。一般來說，對於無線傳輸，接收端接收到的訊號強度會隨著和訊號源之前的距離增大而減小，如果能夠建立起頻道模型，就能根據接收到的訊號強度映射出兩者之間的距離。RSSI 的實現簡單，對硬體的要求較低，因此應用較為廣泛。一般在使用過程中都會進行多次測量取平均值，避免環境瞬時變化的影響，而且有很多在不同環境下採用的修正模型。但是由於 RSSI 模型過於依賴環境參數，因此在距離較遠、環境較差的情況下，這種算法就很難滿足要求。

（2）到達時間差算法 TDOA[25,26]

TDOA 算法是對於訊號傳播時間算法 TOA 的改進。TOA 算法的基本思想是，在訊號傳播速度已知的情況下，如果已知訊號從訊號源到接收端的時間，就可以直接得到訊號源與接收端的距離。如果基於兩個接

收端，就可以根據兩個圓形區域大致得到目標位置；如果基於三個接收端，就可以更加精確地得到目標位置。但是由於 TOA 對於時間測量的精確度和時鐘的同步要求太高，而訊號的傳播速度一般非常快，因此該方法有很大的局限性，很難廣泛應用。和 TOA 算法不同的是，TDOA 算法採用的是時間差的方式來確定目標位置，而不是直接利用訊號到達的絕對時間，因此降低了時間同步的要求。主要方法是利用三個或三個以上已知位置的接收端接收訊號，計算任意兩個接收端之間的時間差，繪製多條雙曲線，交點位置即為目標位置。TDOA 的研究源於 1960 年代，目前已經得到廣泛使用，成為定位技術的主要技術手段。

(3) 近場電磁測距算法[27]

近場電磁測距是利用電磁場的電場分量和磁場分量在近場區的相位特性實現的。在近場區中，電磁波電場分量和磁場分量的相位不一致，而且與距離有著一定的關係，近場電磁測距算法就是透過這樣的聯繫計算距離的。

小電流環的電場分量和磁場分量的相位表達式分別為

$$\phi_E = \frac{180}{\pi}\left[\mathrm{arccot}\left(-\frac{\omega r}{c}\right) - \frac{\omega r}{c}\right]$$

$$\phi_{H_\theta} = \frac{180}{\pi}\left[\mathrm{arccot}\left(\frac{c}{\omega r} - \frac{\omega r}{c}\right) - \frac{\omega r}{c}\right]$$

式中，c 為光速；r 為距離。

在距離為 0 時，電場分量和磁場分量的相位相差 90°；而隨著距離的增加，兩者相位差會逐漸減小，到了遠場區時兩者的相位差為 0。因此，可以利用電場分量和磁場分量在近場區的相位差求得距離，達到測距的目的。這種方法的測距範圍與電磁訊號的波長有關，可用距離為 $0.05\lambda \sim 0.5\lambda$。因此，隨著訊號頻率的增大，測距範圍會逐漸減小。以上的分析基於完全理想化的環境，實際應用中的距離和效果絕對會略差。

(4) 卡爾曼濾波器[28]

卡爾曼濾波器是一種高效率的遞歸濾波器（自迴歸濾波器），它能夠從一系列的不完全或包含噪音的測量中估計動態系統的狀態。這種濾波方法以它的發明者魯道夫 . E. 卡爾曼（Rudolph E. Kalman）命名。之後，斯坦利·施密特（Stanley Schmidt）首次實現了卡爾曼濾波器。

目前，卡爾曼濾波器經過不斷改進，在很多場合得到了應用，較為知名的有施密特擴展濾波器、資訊濾波器以及平方根濾波器等。鎖相環

技術就是最為常見的一種卡爾曼濾波器，它在收音機、電腦和幾乎任何影片或通訊設備中都能見到。卡爾曼濾波器的一個典型實例是從一組有限的、包含噪音的、對物體位置的觀察序列（可能有偏差）中預測出物體位置的座標及速度，目前被使用在很多工程應用（如雷達、電腦視覺）中。同時，卡爾曼濾波器也是控制理論以及控制系統工程中的一個重要課題。因此，下面著重介紹一下卡爾曼濾波器的原理。

卡爾曼濾波器建立在線性代數和隱馬爾可夫模型（hidden Markov model）上。其基本動態系統可以用一個馬爾可夫鏈表示，該馬爾可夫鏈是建立在一個帶有高斯噪音的線性算子上的。為了從一系列有噪音的觀察資料中估計出被觀察過程的內部狀態，我們首先建立卡爾曼濾波模型（圖4-10）。卡爾曼濾波模型從 $k-1$ 時刻到 k 時刻的狀態轉移過程表示如下：

$$\boldsymbol{x}_k = \boldsymbol{F}_k \boldsymbol{x}_{k-1} + \boldsymbol{B}_k \boldsymbol{u}_k + \boldsymbol{w}_k$$

式中，$\boldsymbol{x}_k$ 是 k 時刻真實狀態模型；$\boldsymbol{u}_k$ 是 k 時刻控制器向量；$\boldsymbol{F}_k$ 是從上一個時刻狀態變換到當前時刻的狀態變換模型；$\boldsymbol{B}_k$ 是作用在控制器；$\boldsymbol{w}_k$ 是過程噪音〔假定其為均值為零、協方差矩陣為 $\boldsymbol{Q}_k$ 的多元正態分布，即 $\boldsymbol{w}_k \sim N(0, \boldsymbol{Q}_k)$〕。

在時刻 k，對於真實狀態的測量值 $\boldsymbol{z}_k$ 滿足下式：

$$\boldsymbol{z}_k = \boldsymbol{H}_k \boldsymbol{x}_k + \boldsymbol{v}_k$$

式中，$\boldsymbol{H}_k$ 是觀測模型，將真實狀態量映射為觀測量；$\boldsymbol{v}_k$ 為觀測噪音，服從均值為零、協方差矩陣為 $\boldsymbol{R}_k$ 的正態分布，即 $\boldsymbol{v}_k \sim N(0, \boldsymbol{R}_k)$。

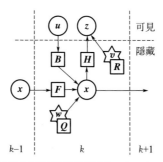

圖 4-10　卡爾曼濾波器狀態轉移模型圖（圖中，圓圈代表向量，方塊代表矩陣，星形代表高斯噪音並標出了協方差矩陣）

卡爾曼濾波器採用一種遞歸方式，透過上一時刻狀態的估計值和當前狀態的觀測值計算出當前狀態的估計值。它與大多數濾波器的不同之

處在於，它本身不涉及頻域轉換，純粹在時域實現，而不是在頻域設計再轉換到時域。卡爾曼濾波器的操作過程分為兩個階段：預測和更新。

在預測階段，濾波器使用上一狀態的估計，對當前狀態做出估計。公式如下：

$$\hat{x}_{k|k-1} = F_k \hat{x}_{k-1|k-1} + B_k u_k$$

$$P_{k|k-1} = \mathrm{cov}(x_k - \hat{x}_{k|k-1}) = F_k P_{k-1|k-1} F_k^T + Q_k$$

式中，$\hat{x}_{k|k-1}$ 表示在時刻 m 對時刻 k 狀態的估計。$P_{k|m}$ 為後驗估計誤差協方差矩陣，用以度量對應估計值的精確程度。

在更新階段，濾波器利用當前狀態的觀測值對預測階段得到的估計值進行優化，得到一個更精確的新估計值。公式如下：

$$\hat{x}_{k|k} = \hat{x}_{k|k-1} + K_k \tilde{y}_k$$

$$P_{k|k} = \mathrm{cov}(x_k - \hat{x}_{k|k}) = (I - K_k H_k) P_{k|k-1}$$

其中

$$K_k = P_{k|k-1} H_k^T S_k^{-1}$$

$$S_k = \mathrm{cov}(\tilde{y}_k) = H_k P_{k|k-1} H_k^T + R_k$$

$$\tilde{y}_k = z_k - H_k \hat{x}_{k|k-1}$$

實際的定位問題一般是非線性的，因此一般使用像擴展的卡爾曼濾波器這樣的改進後的卡爾曼濾波模型。

（5）粒子濾波器[29]

粒子濾波器（又名連續蒙特卡洛方法）是一組遺傳型粒子蒙特卡羅方法，用於解決訊號處理和貝葉斯統計推斷中出現的濾波問題。該濾波問題是用動態系統的局部觀測值估計其內部狀態，同時還存在一些隨機擾動。基本方法是透過給出的噪音和部分觀察值計算一些馬爾可夫過程狀態的條件機率。

顆粒過濾方法通常使用遺傳型突變選擇抽樣方法，使用一組粒子（也稱為個體或樣本）來表示一些給定了噪音和部分觀察值的隨機過程的後驗分布。狀態空間模型可以是非線性的，並且初始狀態和噪音分布可以是任意形式。粒子濾波技術為生成樣本提供了一個比較完善的方法，而不需要對狀態空間模型或狀態分布有所假設。

粒子濾波器透過使用遺傳型突變選擇粒子算法直接實現濾波方程的預測更新過渡。來自分布的樣品由一組顆粒表示，每個粒子具有分配給它的似然權重，表示從機率密度函數中採樣粒子的機率。下面將介紹粒子濾波器的具體數學模型和工作原理。粒子濾波器的目標定位過程一般分為初始化粒子集、重要性採樣和重採樣三個階段。

① 初始化粒子集　對定位目標進行標定、採樣，得到 N 個粒子集合 $\{x_0^i \mid i=1 \cdots N\}$，透過採集到的粒子集得到目標的特徵向量 $\boldsymbol{I}_0$。

② 重要性採樣　要對下一時刻的目標預測，首先要得到目標有可能存在的區域的採樣值，然後和目標的特徵向量進行對比，計算相似度。一般採樣方法有兩種：全局均勻採樣、上一時刻周圍按照高斯分布採樣。由於第一種採樣方法大大增加了計算量，所以一般採用第二種採樣方法。即在上一時刻位置周圍按照高斯分布撒一定數量的粒子，並得到每個粒子位置的特徵向量 $\boldsymbol{I}_k^n$（k 表示第 k 時刻，n 表示第 n 個粒子）。將每個粒子的特徵向量 $\boldsymbol{I}_k^n$ 與目標的特徵向量 $\boldsymbol{I}_0$ 進行對比，求相似度，並進行歸一化，使得所有粒子的相似度之和為 1（即 $\sum w_k^n = 1$），則預測得到的目標位置為 $\sum w_k^n x_k^n$。

③ 重採樣　為了減少權值較小的粒子的影響，需要進行重採樣。其基本思想為去掉一些權值較小的粒子，復製權值較大的粒子，使粒子數目基本和權值相當，使得粒子的權值方差較小。最終預測得到的位置為 $\hat{x}_{k+1} = \sum x_k^n$。

粒子濾波技術在非線性、非高斯系統表現出來的優越性，決定了它的應用範圍非常廣泛。然而，粒子濾波技術仍然存在一些問題。比如，粒子濾波技術需要大量樣本才能很好地近似系統的後驗機率密度。環境越複雜，描述後驗機率分布所需要的樣本數量就越多，算法的複雜度就越高。因此，如何能夠有效地減少樣本數量是目前該算法的研究重點。此外，重採樣階段會造成樣本有效性和多樣性的損失，導致樣本貧化現象。如何保持粒子的有效性和多樣性，克服樣本貧化，也是該算法研究重點。

4.2.3.3　即時定位技術在工業互聯網中的應用

大多數的工業無線感測器網路產品發展已經較為成熟，系統級的無線感測器網路產品必須包含有資料轉發網關、現場無線感測器和具有監控功能的主電腦等在內的完整設備，以盡可能地解決工業環境中可能產生的各類問題。工業無線感測器網路產品的優點是投入成本低、監控範圍大、節點布設靈活，同時還可支持行動式監測，目前主要應用於智慧電力、工業監控、礦山安全、醫療健康、環境監測等領域。

目前已經有很多公司能夠透過高精度的即時定位系統對生產線上的物料、零件等進行精準追蹤定位，即時記錄物品生產品質資料，並對停滯不前等異常狀況進行主動報警。使用快速定位庫存技術，降低配貨時間，實現智慧化倉儲；對工人運動路線、產品生產線進行監控分析，發

現生產效率瓶頸，優化行動路線，進一步提高生產效率，提高生產收益；在生產線上，可以透過精準定位物品的位置進行生產監控，若出現問題可以快速定位目標區域，大大節省人力、物力、時間等成本，提高生產效率；在倉庫、商場等位置可以透過定位商品位置，快速實現商品入庫、出庫登記，以及防止商品丟失。

室內定位技術還可以為消費者帶來更便利的消費方式。室內定位技術可以進行導購服務以及支持快捷支付功能，改善消費者購物體驗。同時，室內定位技術還可以為餐飲行業提供自助尋座、點餐等服務，大大節省了消費者時間，為商家帶來更多收益。此外，透過室內定位技術還可以對人流量和人員分布情況進行分析和監控，分析客戶的消費行為，進一步挖掘潛在商業價值。

4.2.3.4　即時定位技術中存在的挑戰

雖然近年來定位技術得到了廣泛應用，但是依然有很多問題需要解決。如何進一步提高定位精度、如何降低定位成本，是一直以來都在研究的問題。而且和室外定位技術相比，室內定位技術要求的精度和準確性更高。並且，室內環境一般較室外環境更加複雜、多徑效應顯著、非視距傳輸頻繁，導致室內定位技術一直是定位、導航中的難題，也是目前定位技術的研究熱點。同時，室內定位技術的廣域覆蓋問題也是目前的研究難點。雖然蜂窩網技術可以實現室內廣域覆蓋，但是定位精度太低，而其他定位技術無法提供廣域覆蓋。因此，設計兼容目前蜂窩網的高精度定位技術，或者擴大高精度室內定位技術的覆蓋範圍，成為目前研究的主要問題。目前，超寬頻定位技術精度可以達到公分級，但是它的使用成本較 WiFi 定位、ZigBee 定位等技術略高，而 WiFi 定位、Zig-Bee 定位等技術雖然成本較低，但是定位精度略低。常見室內定位技術比較如表 4-1 所示。

表 4-1　常見室內定位技術比較

室內定位技術	定位精度/m	覆蓋範圍/m	成本	複雜度
圖像	$10^{-6} \sim 10^{-1}$	$1 \sim 10$	高	高
藍牙	$2-3$	$1 \sim 15$	低	低
紅外線	$10^{-2} \sim 1$	$1 \sim 5$	中	低
射頻技術	$10^{-2} \sim 1$	$1 \sim 15$	低	中
WiFi	$3 \sim 40$	$20 \sim 50$	低	中

室內定位技術	定位精度/m	覆蓋範圍/m	成本	複雜度
ZigBee	1～10	1～75	低	中
超寬頻技術	10^{-1}～1	1～10	高	高
蜂窩網	3～300	$(1～3)×10^4$	低	低
偽衛星	10^{-2}～10	$(1～5)×10^4$	高	中
超音波	10^{-2}～10^{-1}	2～10	中	低

　　多種定位技術的融合成為定位技術的發展趨勢。室內定位技術種類繁多，且各有優缺點。由於在不同的環境下需求不同，為了滿足各種需求，很多解決方案都採用多種定位技術相結合的方式來改善單一定位技術。在工業應用領域中，主要使用 RFID/藍牙/WiFi/超寬頻相結合的混合技術；在個人消費領域中，主要使用 WiFi/BLE/IMU 相結合的混合解決方案。

　　當目標在室內和室外之間進行過渡時，如何有效地進行室內外定位的無縫切換也是一個技術難題。

4.2.4　感測器網路

4.2.4.1　感測器網路的基本概念

　　無線感測器網路就是由部署在監測區域內大量的微型感測器節點透過無線通訊形成的一個多跳的自組織網路系統。其目的是合作地感知、採集和處理網路覆蓋區域裡被監測對象的資訊，並發送給觀察者[30]。

　　整個網路一般由監測區域內的感測器節點、匯聚節點、Internet 和控制臺組成。大量感測器節點隨機分布在一定範圍的目標區域內，按照具體需求採集區域內的資料參數，並採用單跳或者多跳的通訊方式將採集到的資料發送給匯聚節點（Sink），然後經過與控制臺連接的 Internet 和衛星，用戶在控制臺等終端即可查找資料或者下達「指令」給網路中的各節點。無線感測器網路結構如圖 4-11 所示。

　　在無線感測器網路中，所有節點的地位平等，節點間透過分布式算法來協調彼此的行為，節點可以隨時加入或離開網路，任何節點的故障不會影響整個網路的運行。節點具有行動能力，可以在工作和睡眠狀態之間切換，並隨時可能由於各種原因發生故障而失效，或者有新的節點加入到網路，所以網路拓撲結構隨時發生變化。因受節點發送功率的限制，節點覆蓋範圍有限，資訊需要透過中間節點的轉發，

即多跳。

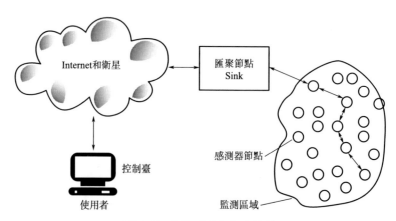

圖 4-11　無線感測器網路結構

　　自組織網路以傳輸資料為目的，致力於在不依賴於任何基礎設施的前提下為用戶提供高品質的資料傳輸服務；而感測器網路以資料為中心，將能源的高效使用作為首要設計目標，專注於從外界獲取有效資訊，且網路拓撲結構相對固定或者變化緩慢。

4.2.4.2　感測器網路中的關鍵技術

(1) 路由協議

　　路由是按照資料傳輸的要求決定源節點和目的節點間路徑的過程，無線感測器網路中的節點往往不能直接到匯聚節點（Sink），需要中間節點充當路由器的角色。路由協議在考慮節點的能量有限、計算和儲存能力有限以及網路無中心、無組織等因素的基礎上，實現節點之間資料的正確傳輸。無線感測器網路中的路由協議分為兩種：平面路由協議和層次路由協議。

　　平面路由協議一般節點對等、功能相同、結構簡單、維護容易，但它僅適合規模小的網路，不能對網路資源進行優化管理。

　　泛洪（flooding）路由協議是一種傳統的網路路由協議，是平面路由協議的一種。網路中各節點不需要維護網路的拓撲結構以及進行路由計算。節點接收感應消息後，以廣播形式向所有鄰居節點轉發消息。泛洪路由協議實現起來簡單，健壯性也高，而且時延短、路徑容錯能力高，但是很容易出現消息「內爆」、盲目使用資源和消息「重疊」的情況，消息傳輸量大，加之能量浪費嚴重，泛洪路由協議很少直接使用。

SPIN（Sensor Protocol for Information via Negotiation）路由協議也是一種平面路由協議，是第一個以資料為中心的自適應路由協議。它透過協商機制來解決泛洪算法中的「內爆」和「重疊」問題。感測器節點僅廣播採集資料的描述資訊，當有相應的請求時，向目的地發送資料資訊。這個協議有 3 種類型的消息：ADV、REQ 和 DATA。節點用 ADV 發布有資料發送，用 REQ 請求希望接收資料，用 DATA 封裝資料。感測器節點會監控各自能量的變化，若能量處於低水準狀態，則必須中斷操作並充當路由器的角色，這在一定程度上避免了資源的盲目使用。但在傳輸新資料的過程中，沒有考慮鄰居節點，因為自身能量有限，只直接向鄰居節點廣播 ADV 資料包而不轉發任何新資料。如果新資料無法傳輸，就會出現「資料盲點」，對整個網路資料包資訊的收集造成影響。

在層次路由協議中，節點的功能各不相同，各司其職，網路的擴展性好，適合較大規模的網路。

LEACH（Low Energy Adaptive Clustering Hierarchy）是由 Heinzelman 等提出的基於資料分層的分層路由協議，被認為是第一個自適應層次路由協議。其他路由協議（如 TEEN、APTEEN、PEGASIS 等）都是在 LEACH 路由協議的基本思想上發展而來的。LEACH 定義了「輪（round）」的概念，一輪由初始化和穩定期兩個階段組成（為了避免額外的處理開銷，穩定期一般持續相對長的時間）。在初始化階段，聚類首領是透過下面的機制產生的。感測器節點生成 0 和 1 之間的隨機數，如果大於閾值，則選該點為聚類首領。節點根據接收訊號的強度選擇簇加入，同時也要告知該簇的聚類首領。使用時分複用，所以聚類首領為每個節點分配時隙。在穩定階段，節點持續監測、採集資料並傳給聚類首領，進行必要的融合處理之後再發送到節點 Sink。持續一段時間以後，網路進入下一輪。

根據應用模式的不同，無線感測器網路分為主動和響應兩種類型。主動型感測器網路持續監測周圍的物質現象，並以恆定速率發送監測資料；而響應型感測器網路只是在被觀測變數發生突變時才傳送資料。LEACH 路由協議屬於主動型感測器網路，而 TEEN（Threshold-sensitive Energy Efficient Sensor Network Protocol）就是響應型的協議。在 TEEN 中有兩個門限值（一個硬門限，一個軟門限），透過這兩個門限值確定是否發送監測資料。當監測資料第一次超過設定的硬門限時，將它作為新的硬門限並在接著到來的時隙內發送。如果監測資料的變化幅度大於軟門限界定的範圍，則節點傳送最新採集的資料並將它設定為新的軟門限。透過調節軟門限值的大小可以實現監測精度和系統能耗間的

均衡。

（2）資料融合技術

　　無線感測器網路往往採用高密度部署的方式，整個網路採樣的資料含有大量冗餘資訊（如果不能採用一定方法將這些冗餘資訊去除，將會消耗過多的能量），而且用戶在收到資料後還要進行二次處理。為了解決由於冗餘帶來的問題，引入資料融合技術，從而節約整個網路的能耗，延長網路的生命週期。資料融合技術是包括對各種資訊源給出的有用資訊的採集、傳輸、綜合、過濾、相關及合成，以便輔助人們進行態勢/環境判定、規劃、探測、驗證、診斷[26]。在無線感測器網路中使用資料融合技術，能夠刪除冗餘、無效和可信度較差的資料，獲取更準確的資訊，提高網路資料採集的即時性。

　　按照網路拓撲結構關係分類，可將融合方式分為分簇型資料融合方式、反向樹型資料融合方式和樹簇混合型資料融合方式。

　　分簇型資料融合方式主要應用於分級的簇型網路中，其結構如圖 4-12 所示。每個簇中都會選出一個簇頭負責收集和管理簇成員，簇內感知節點感測到資料後將資料直接發送給簇頭節點，簇頭節點融合處理了簇內資料後將資料直接發送給匯聚節點。

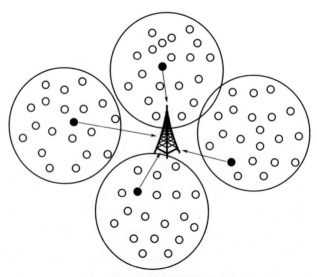

圖 4-12　分簇型資料融合結構[31]

　　反向樹型網內融合方式的結構如圖 4-13 所示。感知節點將感測的資料透過多跳方式發送給匯聚節點，多跳的路徑由反向多播融合樹形成，樹上的各中間節點把接收到的資料融合後再向上傳輸。

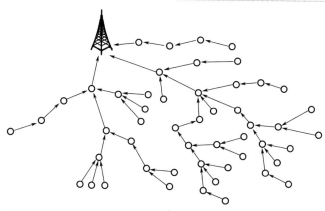

圖 4-13　反向樹型網內融合[31]

　　簇樹混合型資料融合方式簡單說就是上述兩種方式的混合，這種網路具有複雜、高效的特點，如圖 4-14 所示。採用這種方式，簇頭首先收集和管理簇成員，簇內感知節點感測到資料後將資料直接發送給簇頭節點，簇頭節點融合處理了簇內資料後透過簇頭節點組成的反向多播樹轉發給匯聚節點。

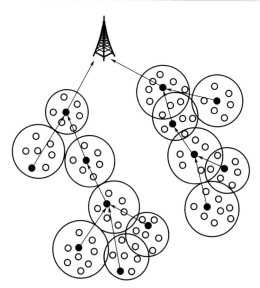

圖 4-14　簇樹混合型資料融合[31]

按照資訊含量分類，融合方式可以分為有損融合和無損融合。無損融合會把所有有效的資訊都保留下來；而有損融合以減少資訊的詳細內容或降低資訊品質為代價進行資料融合，能夠大幅度減少資訊的冗餘，從而達到節能的目的。

按照資料融合級別分類，可將資料融合分為資料級融合、特徵級融合和決策級融合三類。資料級融合針對目標檢測、定位、追蹤、濾波等底層資料融合，能夠提供其他層次所不具有的細節資訊，但是局限性較大，穩定性和即時性都很差。特徵級融合具有較大的靈活性，透過提取的特徵資訊可以產生新的組合特徵。決策級融合應用最為廣泛，相比於前兩種融合方式，它不是聚焦於具體的資料和資料特徵，而是直接對完全不同類型的感測器或者來自不同環境區域的局部決策進行最後的分析並得出決策。

(3) 目標追蹤技術

目標追蹤技術是無線感測器網路中應用極其廣泛的一個技術，例如監視、自然災害預警、流量監控等。無線感測器網路中的目標追蹤系統需要具有如下特點：定性大量的觀察、訊號處理的準確性和及時性、不斷增加的系統健壯性和追蹤的準確性。

透過網路的體系結構，將目標追蹤技術分為兩類：一類是基於分層網路的目標追蹤技術，另一類是基於點對點網路的目標追蹤技術。分層體系結構的特點是感測器節點能以中繼器的角色支持通訊，轉發節點能在轉發資料之前完成資料的處理和資訊的融合。點對點體系結構的特點是轉發節點僅僅支持靜態路由，每個節點僅僅和它的相鄰節點通訊，整個網路的資訊獲取是依靠節點和相鄰節點間的資訊互動完成的。

基於分層的目標追蹤技術可分為四類：基於簡單啟用的追蹤技術、基於樹的追蹤技術、基於簇的追蹤技術和混合追蹤技術。在基於簡單啟用的追蹤技術中，每個節點將本地監測結果發送至匯聚節點或者基站，然後匯聚節點或基站根據收到的本地監測資料來評估和預測目標狀態。雖然該技術能提供較好的追蹤結果，但是該技術的能效最差，匯聚節點或基站的通訊以及計算負擔過重，一旦匯聚節點或基站出現問題，就會影響整個網路。STUN 是一種基於樹的目標追蹤技術，分配到每個鏈接上的消耗是透過兩個節點間的歐幾裡得距離來衡量的。葉節點用來追蹤行動目標，將收集的資料透過中間節點發送到匯聚節點（Sink）。中間節點記錄檢測到的目標，任何時候記錄發生變化，中間節點會發送更新資訊給匯聚節點，但是它存在通訊成本較高的問題。基於簇的目標追蹤技術中的感測器組成簇，每個簇都有一個簇頭，簇中其他節點被稱為簇成

員。為了加強目標追蹤過程中的資料處理合作，往往採用簇結構，尤其在一對多、多對一或廣播中特別適用。混合追蹤技術是基於以上幾種技術的混合，能夠取長補短，獲得較好的效果。

對於基於樹或基於分簇的目標追蹤技術，每次監測都是由一些節點完成的，較為繁重的計算任務則是由根節點或是簇頭節點來完成的，這使得基於樹或基於分簇的無線感測器網路目標追蹤系統比較脆弱，一旦根節點或簇頭節點出現問題，整個網路將受影響而無法正常工作。點對點的目標追蹤技術就可以僅僅依靠相鄰節點間的通訊，就能保證網路中節點獲得系統需求的估測資料。

4.2.4.3　感測器網路在工業互聯網中的應用

隨著網路技術的發展和資訊的爆炸式成長，分布式、多層次和海量資訊的融合技術將成為發展的主流。資訊融合技術的研究正由低層次融合向高層次融合發展，同時考慮了人類的參與、資源管理與融合過程的優化。研究重點從來自各類感測器等硬體設備的「硬資料」融合逐漸轉移到來自資料庫和網路等資訊系統的「軟資訊」或「軟/硬資料」融合。以此為出發點，分析複雜環境下智慧資訊處理面臨的新問題、新需求，結合當前感測器網路等的發展現狀，開展對資訊融合相關基礎理論及關鍵技術的研究，建立智慧資訊處理體系結構，這些都是尤為重要的。

從 1990 年代至今，資訊融合技術在國內已經逐步發展成為多方關注的共同性關鍵技術，許多研究機構與學者致力於分布式資訊融合、機動多目標追蹤、威脅判斷、決策資訊融合、告警系統、身分識別、態勢估計等研究。多感測器資訊融合技術從理論研究向實用化方面發展，在軍用的 C3I 系統和民用的一般性工業控制系統中都有廣闊的應用，基礎理論研究與實際需求互相促進，必將極大提高中國在資訊融合技術及其應用方面的實力。

資訊融合系統設計與實現需要研究以下問題：系統建模問題、相關融合算法設計（大致有兩個方向：機率統計方法與人工智慧方法）、資訊融合資料庫與知識庫技術、感測器等資源的管理與調度。上述各方面雖有很多研究成果，但仍不夠成熟，也缺乏統一規範或標準，建立實用而靈活的融合系統結構模型和通用的融合支撐平臺都有很大的挑戰性。

高層次資訊融合 HLIF 的研究工作絕大多數都局限於訊號、檢測級和目標級估計等低層次融合，關於決策級融合和過程優化等高層次資訊融合的研究相對較少。近年來資訊融合學術界總結並提出了 HLIF 的五大挑戰：HLIF 建模問題、資訊表示、系統設計技術、決策支持過程、評

估方法。

另外，基於感測器網路和互聯網的分布式大規模資訊融合系統（比如用於軍事情報、智慧交通等領域的系統）的建立及其中存在的海量資料的高效融合、資訊融合的安全性、資源管理與融合優化等問題的解決也都具有挑戰性。

4.2.4.4 感測器網路中存在的挑戰

（1）通訊能力有限

感測器網路的通訊頻寬有限，正常工作時節點之間的通訊容易出現頻繁斷連。而且感測器節點的覆蓋範圍一般較短，通訊的距離一般局限在幾十公尺到幾百公尺之間，感測器網路的應用環境都比較複雜，又非常容易受自然環境的影響，例如高山、建築物和障礙物等地理因素以及暴風雨和閃電等，給維持感測器網路的平穩運行帶來了極大的困難。

（2）電池能量有限

感測器網路中的節點受到體積的限制，一般採用微型電池供電，電池的容量一般較小，因而電源能量有限。感測器節點能量消耗的兩個主要方面就是計算和通訊，但相比於計算，節點的通訊過程消耗的能量更多。感測器網路常常會運行在條件較為惡劣的監測環境中，大多數情況下無法更換節點或進行充電，一旦電池能量耗盡，節點也就失效，影響網路的正常運行。同時網路拓撲結構也會因此發生改變，資料採集的有效性會受到影響。

（3）計算能力有限

無線感測器網路中的節點都採用嵌入式處理器和儲存器，負責完成感測器節點的計算和儲存相關功能。但嵌入式處理器和儲存器與普通的處理器和儲存器相比，儲存和計算能力都很有限。

（4）複雜的網路管理和維護

首先，與普通的有線網路和其他無線網路相比，無線感測器網路的節點數目比較多而且分布比較廣泛，無線感測器網路的節點能夠部署在範圍很大、管理人員較少的區域內，這些特點決定了網路的管理和維護十分困難。其次，無線感測器網路具有很強的動態性，在網路中，感測器節點、感知對象和網路管理者都可以行動，而且感測器節點可以隨意加入或退出，因此無線感測器網路要能夠動態調整網路拓撲結構，這加大了網路管理的難度。最後，許多感測器網路需要對感知對象（例如溫

度和溼度）進行控制，並且感知的資料需要具有回控裝置，這又增大了網路管理的難度。

4.3 工業互聯網中的關鍵通訊技術

4.3.1 射頻識別技術

射頻識別技術（Radio-frequency identification，RFID）[32] 又被稱為電子標籤，是興起於 1990 年代的一種自動識別技術。RFID 屬於一種非接觸的自動識別技術，它依靠射頻訊號來判斷目標並記錄目標的資料，不需要識別系統與特定目標之間建立機械或光學接觸。RFID 利用無線電訊號或電感電磁耦合的傳輸特性，實現對特定目標的自動識別。RFID 技術不同於諸如條形碼、光學或者生物等其他類型的自動識別技術，它在抗干擾、資訊容量、非視距範圍讀寫以及使用壽命等方面有著更好表現。目前，RFID 在物聯網、生物醫學、生產製造等領域有著非常廣泛的應用。隨著全球資訊化水準的逐步提高，人們對生產效率也提出了更高的要求。射頻技術與網路、通訊和電腦結合，可以實現全球範圍內物品的追蹤與資訊共享，從而大幅提高管理與運作效率，有效降低成本。

如圖 4-15 所示，RFID 射頻識別系統一般由感應標籤、讀寫器和資料庫系統等幾個主要部分構成。其中 RFID 標籤通常也被稱為發射機應答器，由集成電路構成，附著於待識別的產品上，儲存用來響應讀寫器的資料，能夠在全球範圍內流通。電子標籤根據調制方式以及是否搭載電池又可分為有源標籤和無源標籤兩類。有源標籤用自身的射頻能量主動地發送資料給讀寫器，由於標籤自身帶有獨立的電池，所以其主要用於有障礙物或者對傳輸距離要求較高的應用場景中；無源標籤沒有電池，所以它依靠線圈產生交變電流，該類標籤適合在門禁或交通系統中應用。由於讀寫器與無源標籤的作用距離較短，讀寫器可以確保只啟用一定範圍和區域內的標籤。

上述提到的讀寫器又被稱為閱讀器，可以透過外接天線來增大發射功率，進而實現射頻訊號的發送和接收，根據是否具有行動性又可細分為便攜式和固定式兩類。一方面它能夠和 RFID 標籤進行相互作用，讀取標籤中儲存的產品序列號等資訊；另一方面它能夠與資訊網路系統相連，把從標籤讀取來的資料錄入資料庫系統，從而獲得某一產品的相關

資訊。

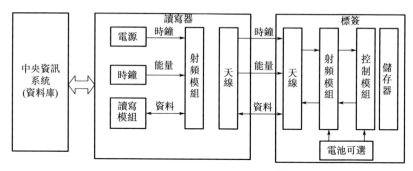

圖 4-15　RFID 系統組成框圖[33]

　　資料庫系統即為中央資訊系統，由本地局域網路和 Internet 組成。讀取器讀取到的標籤資訊由資料庫進行收集和處理，能夠儲存和管理所有的事務處理記錄，省去了手工輸入資料的煩瑣過程，同時減少了資訊輸入錯誤的風險。RFID 資料庫需要透過相應的軟體來實現實物互聯，其中主要有 3 種類型的軟體，分別為組件系統軟體、中間件以及業務應用軟體。對於一些比較特殊的應用場合，用戶可以根據自己的需要獨立開發自己的軟體。

　　RFID 的具體工作過程如下：首先，處於磁場中的標籤接收到來自讀寫器的特定射頻訊號。無源標籤依靠感應電流所產生的能量發射預先記錄在晶片中的產品資訊，有源標籤主動發送某一頻率的訊號。RFID 的工作頻率即為讀寫器發出射頻訊號的頻率，一般分為低頻（125kHz、134.2kHz）、中頻（13.56MHz）、高頻（915MHz）三類[33]。一般而言，工作頻率越高，讀寫能力越強，資料傳輸速率越高。低頻和中頻系統主要被應用於距離短、成本低的應用中，而高頻系統則適用於識別距離長、讀寫資料速率快的場合。最後，讀寫器讀取相應的資訊進行解碼，傳送到資料庫進行資料處理，進而實現識別功能。

　　射頻識別技術的優勢如下。

　　① 非接觸、無屏障閱讀　由於射頻訊號能夠穿過冰雪繞開障礙物，進而透過外部材料獲取資訊。所以 RFID 即使被紙張、木材和塑膠等非金屬或非透明的材質包覆，也可以進行穿透性通訊。因此 RFID 可以應用於惡劣的環境下。

　　② 識別精度和效率高　RFID 系統閱讀速度極快，在大多數情況下不到 100ms 即可快速準確地識別物體。普通的條形碼一次只能掃描一個，

RFID 系統可以同時識別多個 RFID 標籤。不僅識別速度快而且識別精度高。

　　③ 儲存資訊量大　一般的條形碼最多只能儲存上千字節的資料，而 RFID 最多可以儲存達兆字節級的資料。RFID 不僅能夠儲存大量資訊，而且還可以對資訊進行加密保存，保證了安全性。隨著記憶載體的不斷發展，未來物品所攜帶的資訊量也會越來越大。

　　利用 RFID 技術識別精度高、感知能力強、定位精準等特點，可以將其運用在智慧製造中複雜零件的製造過程，從生產、銷售到售後維修全程提供高水準、高品質的服務，能夠更加有效地增加製造效率和品質。RFID 技術應用於工業物聯網中，可以從一定程度上彌補企業理論設計與實際實施之間的「資訊斷層」，即時動態掌握生產情況，實現透明化、視覺化管理，極大地提升企業的營運效率。

4.3.2　ZigBee 技術

4.3.2.1　ZigBee 的基本概念

　　ZigBee[34] 是繼藍牙之後一種新興的基於 IEEE 802.15.4 標準的短距離、低功耗、低成本、低複雜度無線網路新技術。ZigBee 技術在物聯網、工業控制和醫療感測器網路等場景下有著廣泛的應用。它使用 2.4GHz 頻段，採用調頻和擴頻技術。ZigBee 技術很好地填補了低成本、低功耗無線通訊市場的空白，其成功的關鍵在於豐富便捷的應用。

　　IEEE 802.15.4 定義了 2.4GHz、868MHz、915MHz 三個 ZigBee 物理層可用頻段供不同地區使用，均基於直接擴頻序列（DSSS），訊號傳輸距離為幾公尺到幾十公尺之間。除了工作頻率不同，三個頻段物理層的調制技術、擴頻碼長度和傳輸速率都有所區別。其中 ZigBee 在中國採用 2.4GHz 的 ISM 頻段，屬於非授權頻段，具有 16 個頻道，最大數據傳輸速率為 250Kbps。

　　ZigBee 的 MAC 層簡單靈活，資料鏈路層被分為邏輯鏈路控制（LLC）和 MAC 兩個子層。LLC 子層的主要功能是保障控制傳輸可靠性、管理資料包分段與重組以及資料包的順序傳輸。MAC 子層的幀類型包括資料幀、標誌幀、命令幀和確認幀。MAC 子層的主要功能是建立維護 ZigBee 設備間的無線鏈路、傳輸和接收確認模式幀以及控制頻道接入、管理時隙和廣播資訊等。ZigBee 採用 CSMA/CA 的頻道接入方式以及握手協議，有效避免了發送資料的競爭和衝突問題。

4.3.2.2 ZigBee 的技術特點

① 功耗低　ZigBee 的傳輸速率較低，發射功率僅為 1mW。在休眠待機模式下，ZigBee 設備僅靠兩節 5 號電池就可以維持長達 6～24 個月的使用時間，這種突出的省電優勢是其他無線設備望塵莫及的。相比較，WiFi 能工作幾小時，藍牙能工作幾週時間。

② 成本低　ZigBee 模組的初始成本只有 6 美元。隨著協議的不斷簡化，降低了 ZigBee 對通訊控制器的要求，從而更加節約成本。而且 ZigBee 協議是免協議專利費的，因此低成本是 ZigBee 能夠廣泛應用的關鍵因素之一。

③ 時延短　ZigBee 的通訊時延以及從休眠待機狀態啓動的時延都非常短。一般來說，設備入網時延只有 30ms，從休眠狀態進入工作狀態的時延只有 15ms。這種低時延的特點不僅進一步幫助 ZigBee 節省了電能，而且使其能夠在對時延要求苛刻的無線控制場景中有更好的應用。

④ 容量大　基於星形結構的 ZigBee 網路最多可以容納 254 個從設備和一個主設備，而且網路組成也非常靈活。ZigBee 網路最多可以支持 64000 個左右網路節點。ZigBee 不僅可以採用星形拓撲結構，還可以採用片狀、樹狀以及 Mesh 等網路結構。

⑤ 可靠性強　由於 ZigBee 採取了 CSMA/CA 碰撞避免策略，同時為需要固定頻寬的通訊業務預留了專用時隙，進而避開了發送資料的競爭和衝突。MAC 層採用了完全確認的資料傳輸握手模式，每個發送的資料包都必須等待接收方的確認資訊，如果傳輸過程中出現問題可以進行重發，保證了高可靠性。

4.3.3　藍牙技術

4.3.3.1 藍牙技術的基本概念

藍牙是一種無線技術標準，它以低成本的短距離無線通訊為基礎，可實現固定設備、行動設備和個人域網之間的短距離資料交換，工作於 IMS 非授權頻段，主要用於通訊和資訊設備之間的無線連接。

藍牙工作在全球通用的 2.4GHz ISM（工業、科學、醫學）頻段。它採用快速調頻方式，是一種點對多點的短距離無線傳輸技術。傳輸距離可達 10cm～100m，不限制在直線範圍內，即使設備不在同一房間內也能實現互聯；而在一定範圍內的藍牙設備，傳輸速率最高可達

1Mbps[35]。藍牙技術由藍牙特別興趣小組（BSIG）管理，BSIG 主要負責規範化藍牙開發、管理認證項目並維護商標權益。藍牙技術擁有一套專利網路，BSIG 對外公布了其相關介面標準，可發放給符合相關標準的藍牙設備。

藍牙設備有兩種組網方式：微微網（PicoNet）和散射網（Scatter-Net）。由於受晶片價格高、廠商支持力度小等因素，在 PicoNet 組網中，多個藍牙設備共享一條頻道，最多只能配置 7 個節點，因此制約了藍牙技術在大型無線感測器網路中的應用。為了有效地解決這一問題，藍牙散射網 ScatterNet 應運而生。該組網方式基於具有重疊覆蓋區域的多個 PicoNet，多個微微網構成行動自組織網，透過配置進行通訊和資料交換。

在藍牙系統中，主、從單元的分組傳輸採用時分雙工（TDD）交替傳輸方式，主單元在偶數號時隙進行資訊傳輸，從單元在奇數號時隙進行資訊傳輸。藍牙技術採用二進制高斯頻移鍵控（GFSK）的調制方式，使用前向糾錯碼、ARQ、TDD 和基頻協議。藍牙使用 FHSS（跳頻擴頻）技術以確保鏈路穩定，理論跳頻速率為 1600 跳/s。跳頻技術是把頻帶分成若干個跳頻頻道，在一次連接中，無線收發器按一定的碼序列（偽隨機碼）不斷地從一個頻道跳到另一個頻道。由於只有收發雙方是按這個規律進行通訊的，所以其他干擾不可能按同樣規律進行干擾。因為跳頻的瞬時頻寬是很窄的，所以需要透過擴展頻譜技術使這個窄頻帶成百倍地擴展成寬頻帶，進而將干擾可能產生的影響降到最低。跳頻技術將待傳輸的資料分割成資料包，透過 79 個指定的藍牙頻道分別傳輸資料包。每個頻道的頻寬為 1MHz。

4.3.3.2 **藍牙技術的特點**

① 語音和資料業務可同時傳輸　藍牙採用電路交換和分組交換技術，支持異步資料頻道、三路語音訊道以及異步資料與同步語音同時傳輸的頻道。每個語音訊道資料速率為 64kbps，異步資料頻道能支持最高速率為 721kbps，反向速率為 57.6kbps 的非對稱頻道。

② 開放的介面標準　藍牙特別興趣小組（BSIG）為了使藍牙技術有更廣泛的應用，公開了藍牙技術的相關介面標準。這就意味著任何集體或者個人都可以開發自己的藍牙產品，透過產品兼容性測試後就可以推向市場。

③ 抗干擾性能強　藍牙技術使用了跳頻擴頻手段，使無線鏈路的穩定性得以保證，有較強的抗干擾性。

4.3.4 超寬頻技術

4.3.4.1 超寬頻技術的基本概念

超寬頻（Ultra Wide Band，UWB）技術[36] 能夠對具有很陡上升沿和下降時間的衝擊脈衝進行直接調制，使訊號具有吉赫茲量級的超頻寬。UWB 技術工作在 3.1～10.6GHz 頻帶內，美國聯邦通訊委員會定義－10dB相對頻寬大於 20%，或者－10dB 絕對頻寬超過 500MHz 的訊號為超寬頻訊號[37]。UWB 技術最早應用在軍事雷達通訊和 GPS 定位設備中，近年來UWB 技術在寬頻無線通訊等領域中也有著非常廣泛的應用。

基於 UWB 系統容量大、多徑分辨能力強、功耗低等特點，該技術能夠有效緩解日益緊張的頻帶資源需求，在室內複雜的多徑環境下發揮巨大作用。由於提高發射訊號的頻寬，可以在較小信噪比環境下獲得較大的頻道容量。因此，發射在時域上占空比非常低的衝擊脈衝訊號是提高發射訊號頻寬最常用的方法。UWB 技術就是這樣一種發送脈衝非常短、頻寬非常寬的技術，因此也稱為脈衝無線電技術。相對於傳統調制技術，UWB 技術不再採用帶通載波調制，把含有資訊的波形搬移到相應的正弦載波上發射，而是以時域窄脈衝為資訊載體，依賴於脈衝串傳遞資訊，採用基頻訊號直接激勵天線發射超短時寬沖激脈衝，也就是說由要傳輸的資訊資料直接調制資料脈衝。可見，脈衝形成技術以及調制技術是 UWB 技術的兩個核心問題。

① 脈衝形成技術　基頻窄脈衝形式是超寬頻通訊最早採用的訊號形式，透過寬度在奈秒、亞奈秒級的基頻窄脈衝序列進行通訊。目前產生窄頻衝擊脈衝的方法主要有光電方法和電子方法。光電方法的基本原理是利用光導開關導通時瞬間產生的陡峭上升沿，進而獲得脈衝訊號。光電方法的優勢是能夠獲得最小寬度的衝擊脈衝，有較好的應用空間。電子方法的基本原理是對半導體 PN 結反向加電，進而達到雪崩狀態，在 PN 結導通的瞬間，將陡峭的上升沿訊號作為脈衝訊號。該方法的優勢是半導體器件較容易獲得，應用最為廣泛。但是和透過光電方法產生的脈衝訊號相比，電子方法產生的脈衝訊號寬度大，精度較低。

② 調制技術　UWB 調制技術的主要特點是無載波，即直接利用基頻脈衝波形進行通訊。這種調制方式的優勢是收發信機結構簡單，實現成本低，應用廣泛。無載波調制技術又可分為單脈衝調制和多脈衝調制兩類。單脈衝調制是一種最常用的方式，包括脈衝幅度調制（PAM）、

脈衝位置調制（PPM）、二相調制（BPM）和二進制開關鍵控（OOK）等。其中 PAM 方式實現起來較為簡單，它可以透過改變脈衝幅度的大小來傳遞資訊，所以應用最為廣泛。儘管單脈衝調制實現容易，但是由於單個脈衝的資訊量大，所以它的抗干擾能力不好。為了提高系統的抗干擾能力，在 UWB 無線系統中，往往採用多個脈衝傳遞相同資訊的方法以降低單個脈衝的幅度，即多脈衝調制技術。多脈衝調制是由單脈衝調制技術發展而來的，首先進行組內單個脈衝的調制，通常採用 PPM 或 BPM 調制；然後進行組間的整體調制，可以採用 PAM、PPM 或 BPM 調制。這種先部分調制再整體調制的方式有效提高了訊號的抗干擾能力，更有助於訊號的傳輸。

4.3.4.2 超寬頻技術的特點

① 傳輸速率高 超寬頻訊號顧名思義即頻頻寬，一般可達幾百兆赫到幾吉赫，同時 UWB 通訊已經能夠在很低的信噪比門限下實現大於 100Mbps 的可靠高速無線傳輸。在相同的作用範圍下，超寬頻通訊系統速率可達到無線局域網系統的 10 倍以上，藍牙系統的 100 倍。

② 功耗小 UWB 系統的平均功率僅為 WLAN 和藍牙系統的 $1/100\sim1/10$，同時還具有更低的成本。UWB 系統發送資料時使用的間歇脈衝持續時間短，一般在 $0.20\sim1.5$ns 之間，有很低的占空因數，因此系統耗電較低，即使是在高速通訊狀態時耗電量僅為幾百微瓦到幾十毫瓦。

參考文獻

［1］ 尹麗波. 工業互聯網的發展態勢和安全挑戰. 資訊安全與通訊保密, 2016（7）: 32-33.

［2］ 肖俊芳, 李俊, 郭嫻. 中國工業互聯網發展淺析. 保密科學技術, 2014（4）.

［3］ Cover T, Gamal A E. Capacity Theorems for the Relay Channel [J]. IEEE Transactions on information theory, 1979, 25（5）: 572-584.

［4］ Sendonaris A, Erkip E, Aazhang B. User Cooperation Diversity. Part I. System Description[J]. IEEE Transactions on Communications, 2003, 51（11）: 1927-1938.

［5］ Sendonaris A, Erkip E, Aazhang B. User Cooperation Diversity. Part II: Implementation Aspects and Performance Analysis[J]. IEEE Transactions on Communications, 2003, 51（11）: 1939-1948.

［6］ 李根. 無線中繼通訊系統的容量優化技術研究［學位論文］. 北京: 北京郵電大學, 2012.

［7］ 宋磊. 無線通訊系統中的協同中繼傳輸技術研究［學位論文］. 北京: 北京郵電大學, 2012.

［8］ 孫奇. 無線協同中繼通訊系統的傳輸技術研究［學位論文］. 北京: 北京郵電大學, 2014.

［9］ 劉佳. 認知中繼網路中高效性合作傳輸技術研究［學位論文］. 北京: 北京郵電大學, 2015.

［10］ Khafagy M G, Alouini M S, Aissa S. Full-Duplex Relay Selection in Cognitive Underlay Networks[J]. IEEE Transactions on Communications, 2018.

［11］ Sabharwal A, Schniter P, Guo D, et al. In-band Full-Duplex Wireless: Challenges and Opportunities［J］. IEEE Journal on Selected Areas in Communications, 2014, 32（9）: 1637-1652.

［12］ 劉佳. 認知中繼網路中高效性合作傳輸技術研究［學位論文］. 北京: 北京郵電大學, 2015.

［13］ 郭艷艷. 合作中繼高效性傳輸技術研究［學位論文］. 北京: 北京郵電大學, 2010.

［14］ 陳年生, 李臘元. 基於 MANET 的 QoS 路由協議研究[J]. 電腦工程與應用, 2004, 23（30）: 120-123.

［15］ Perkins C E, Bhagwat P. Highly Dynamic Destination-Sequenced Distace-Vector Routing（DSDV）for Mobile Computers. ACM SIGCOMM, London, U. K, 1994.

［16］ Ge Y, Lamont L, Villasenor L. Hierarchical OLSR: A Scalable Proactive Routing Protocol for Heterogenous Ad Hoc Networks. Proc. IEEE International Conference on Wireless and Mobile Computing, Networking and Communications, Montreal, Canada, 2005.

［17］ Perkinsn C E, Royer E M. Ad Hoc On Demand Distance Vector Routing. Proc. IEEE Workshop on Mobile Computing Systems and Applications, New Orleans, USA, 1999.

［18］ 朱祥熙. 基於模糊 PID 控制的連續退火爐溫度控制系統的設計與研究. 武漢: 武漢科技大學, 2010.

［19］ 李利軍, 肖兵. 基於 GPRS 的分布式油田遠端監控系統的設計. 貴州大學學報, 2009, 26（5）: 89-92.

［20］ Liu H, Darabi H, Banerjee P, et al. Survey of Wireless Indoor Positioning Technique and Systems. IEEE Transactions on Systems, Man, and Cybernetics. 2007, 37（6）: 1067-1080.

［21］ Pak J M, Ahn C K, Shmaliy Y S, et al. Improving Reliability of Particle Filter-Based Localization in Wireless Sensor Networks via Hybrid Particle/FIR Filtering. IEEE Transactions on Industrial Informatics, 2015, 11（5）: 1089-1098.

［22］ Pomarico-Franquiz J, Shmaliy Y S. Accurate Self-localization in RFID Tag Information Grids using FIR Filtering. IEEE Transactions on Industrial Informatics, 2014, 10（2）: 1317-1326.

［23］ Holý R, Kalika M, Kaliková J, et al. System for Simultaneous Object Identification & Sector Indoor Localization. International Conference on Intelligent Green Building and Smart Grid（IGBSG）, 2014.

［24］ 柯濟民. 複雜工業環境下無線感測器網路定位技術研究［學位論文］. 武漢: 湖北工業大學, 2016.

［25］ 陳紅陽. 基於測距技術的無線感測器網路定位技術研究［學位論文］. 成都: 西南交

通大學，2006.

［26］何偉俊，周非. 基於粒子濾波的 TOA/ TDOA 融合定位算法研究[J]. 感測技術學報，2010，（03）：404-407.

［27］胡英男. 基於近場電磁測距的室內定位技術[學位論文]. 哈爾濱：哈爾濱工業大學，2014.

［28］Paul Zarchan, Howard Musoff（2000）. Fundamentals of Kalman Filtering: A Practical Approach. American Institute of Aeronautics and Astronautics, Incorporated. ISBN 978-1-56347-455-2.

［29］曹歡，謝紅，黃璐. 基於粒子濾波的室內融合定位技術的研究[J]. 應用科技，2017：1-10.

［30］Akyildiz I F, Su W, Sankarasubramaniam Y, et al. A Survey on Sensor Networks［J］. IEEE Communications Magazine，2002，40（8）：102-114.

［31］劉千里，魏子忠，陳量，等. 行動互聯網異構接入與融合控制. 北京：人民郵電出版社，2015：139-159.

［32］張航. 面向物聯網的 RFID 技術研究[學位論文]. 上海：東華大學，2011.

［33］丁治國. RFID 關鍵技術研究與實現[學位論文]. 合肥：中國科學技術大學，2009.

［34］蒲泓全，賈軍營，張小嬌，等. ZigBee 網路技術研究綜述. 電腦系統應用，2013，（09）：6-11.

［35］李振榮. 基於藍牙的無線通訊晶片關鍵技術研究[學位論文]. 西安：西安電子科技大學，2010.

［36］劉空鵬. 室內超寬頻（UWB）無線通訊系統研究 [學位論文]. 杭州：浙江大學，2013.

［37］李瑛，張水蓮，俞飛，等. 超寬頻通訊技術及其應用. 電子技術應用，2004，（08）：53-55.

第5章

智慧製造中的
工業大數據

5.1 **工業大數據的來源**

工業產品生命週期一般分為三個階段，即開發製造階段、使用維護階段和回收利用階段。工業大數據的主要來源有如下三類。

（1）生產經營相關業務資料

生產經營相關業務資料主要來自傳統企業資訊化範圍，被收集儲存在企業資訊系統內部，包括傳統工業設計和製造類軟體、企業資源計劃（ERP）、產品生命週期管理（PLM）、供應鏈管理（SCM）、客戶關係管理（CRM）和環境管理系統（EMS）等。這些企業資訊系統已累積了大量的產品研發資料、生產性資料、經營性資料、客戶資訊資料、物流供應資料及環境資料。此類資料儲存於企業或者產業鏈內部，是工業領域傳統的資料資產，在行動互聯網等新技術應用環境下正在逐步擴大範圍。

（2）設備物聯資料

設備物聯資料主要指在物聯網運行模式下，工業生產設備和目標產品即時產生並收集的、涵蓋操作和運行情況、工況狀態、環境參數等展現設備和產品運行狀態的資料。隨著物聯網技術的迅速發展，設備物聯資料成為工業大數據新的、成長最快的來源。狹義的工業大數據即指該類資料，即工業設備和產品快速產生且存在時間序列差異的大量資料。

2012年美國奇異公司提出的狹義工業大數據是指感測器在使用過程中採集的大規模時間序列資料，包括裝備狀態參數、工況負載和作業環境等資訊，可以幫助用戶提高裝備運行效率，拓展製造維修服務（Maintenance Repair and Overhaul，MRO)[1]。

（3）外部資料

由於互聯網與工業的深度融合，企業外部資料已成為工業大數據不可忽視的重要來源。外部資料指與工業企業生產活動和產品相關的、來自企業外部互聯網資料。此外，企業外部互聯網還存在著海量的「跨界」資料，例如評價企業環境績效的環境法規、預測產品市場的總體社會經濟資料、影響裝備作業的氣象資料等。

工業大數據來源於產品生命週期各個環節的機器設備資料、工業資訊化資料和產業鏈跨界資料，包括設計資料、機器操作資料、員工行為

資料、成本資訊、物流資訊、環境條件、故障檢測和系統狀態監測資料、產品品質資料（例如每個設施的缺陷率）、產品使用資料（例如可用性、修復率）以及客户資訊（例如客户功能、回饋資料、建議）等，每個環節都會有大量資料，全生命週期匯合起來的資料更大[2]。

考慮到整個產品生命週期（包括設計、製造、行銷、服務、回收和其他環節）中產生了大量的工業資料，因此，在製造企業中給定多個獨立系統和各種感測器的情況下，將形成多源異構空間資料。所以工業大數據可以分為以下三種類型[3]：

① 結構化資料　包括感測器訊號、控制器資料等。

② 半結構化資料　例如來自網站的資訊或 XML 格式的客户回饋資訊。

③ 非結構化資料　由聲音、圖像和影片資料組成。

工業大數據具有一般大數據的特徵：資料容量大、多樣性、快速。

① 資料容量大　資料容量的大小決定了資料的價值和潛在的資訊。工業資料的容量一般都比較大，大量機器設備資料以及互聯網資料持續湧入，大型工業企業的資料集可以達到 PB 級甚至 EB 級別。

② 多樣性　這裡指的是資料類型的多樣化以及資料的來源廣泛。工業大數據的來源涵蓋了整個工業流程，包括市場、設計、製造、服務、再製造等。而且工業大數據的結構較為複雜，既有結構化資料和非結構化資料，還有半結構化資料。傳統的資料儲存記錄方式只能記錄生產過程中最直接的資料，但隨著各類技術的發展，重要的圖像、聲音、影片資訊都被記錄下來，為以後的工業分析提供了重要參考。

③ 快速　指獲得和處理資料的速度。隨著現代工業的生產規模逐漸擴大、工藝流程的逐漸複雜以及測量和控制手段的不斷更新，大型的工業生產裝置都會有數以萬計的資料測量設備，這些設備每秒鐘都在記錄著幾千兆字節甚至幾萬兆字節的資料。工業資料處理的需求速度多樣，有要求即時、半即時和離線三種。

工業大數據在此基礎上具有四個典型的特徵：價值性、即時性、準確性、閉環性。

① 價值性　工業大數據更加強調用户價值驅動和資料本身的可用性，包括：提高創新能力和生產經營效率，以及促進個性化客製、服務化轉型等智慧製造新模式變革。有時候 20％的資料具有 80％的價值密度，例如一些產品圖紙、加工工藝；而 80％的資料只有 20％的價值密度，例如圖片資料等。工業大數據無法避開這些基礎資料的

支撐。

② 即時性　工業大數據主要來源於生產製造和產品運維環節，生產線、設備、工業產品、儀器等均是高速運轉，在資料採集頻率、資料處理、資料分析、異常發現和應對等方面均具有很高的即時性要求。

③ 準確性　主要指資料的真實性、完整性和可靠性，更加關注資料品質，以及處理、分析技術和方法的可靠性。對資料分析的信賴區間要求較高，僅依靠統計相關性分析不足以支撐故障診斷、預測預警等工業應用，需要將物理模型與資料模型結合，探勘因果關係。

④ 閉環性　包括產品全生命週期橫向過程中資料鏈條的封閉和關聯，以及在智慧製造縱向資料採集和處理過程中，需要支撐狀態感知、分析、回饋、控制等閉環場景下的動態持續調整和優化。

除以上 4 個基本典型特徵外，業界一般認為工業大數據還具有反映工業邏輯的多模態、強關聯、高通量以及集成性、透明性、預測性等特徵。

① 多模態　所謂多模態，是指非結構化類型工程資料，包括設計製造階段的概念設計、詳細設計、製造工藝、包裝運輸等 15 大類業務資料，以及服務保障階段的運行狀態、維修計劃、服務評價等 14 大類資料。多模態還指工業大數據必須反映工業系統的系統化特徵及各方面要素，包括工業領域中「光、機、電、液、氣」等多學科、多專業資訊化軟體產生的不同種類的非結構化資料。

② 強關聯　一方面，產品生命週期的研發設計、生產、服務等不同環節的資料之間需要進行關聯；另一方面，產品生命週期同一階段的資料也具有強關聯性，如產品零部件組成、工況、設備狀態、維修情況、零部件補充採購等，涉及不同學科、不同專業的資料。強關聯反映的是工業的系統性機器複雜動態關係，不是資料字段的關聯，本質是指物理對象之間和過程的語義關聯，包括產品部件之間的關聯關係，生產過程的資料關聯，產品生命週期設計、製造、服務等不同環節資料之間的關聯以及在產品生命週期的統一階段涉及的不同學科、不同專業的資料關聯。

③ 高通量　高通量即工業感測器要求瞬時寫入超大規模資料。嵌入了感測器的智慧互聯產品已成為工業互聯網時代的重要標誌，是未來工業發展的方向，用機器產生的資料代替人產生的資料，實現即時的感知。從工業大數據的組成體量上來看，物聯網資料已成為工業大數據的主體。

　　工業是國民經濟的基礎，也是國家競爭力的重要展現。由於先進的感測器技術、物聯網、通訊技術、大數據、人工智慧技術等的快速發展和應用，各國在工業大數據方向正式發力，全球掀起了以製造業轉型升級為首要任務的新一輪工業變革。

　　2012 年，美國發布了《先進製造業國家策略計劃》報告，報告中指出先進製造業在國民經濟中占絕對地位，是未來經濟成長的驅動力。隨著先進製造業的全球競爭愈加激烈，為了應對現代製造技術的公共和私人部分的複雜性，《先進製造業國家策略計劃》提出了促進美國先進製造業發展的三大原則、五大目標及相應的對策措施。其中三大原則包括完善先進製造業創新政策、加強「產業公地」建設和優化政府投資。

　　「工業 4.0」是德國政府《德國 2020 高技術策略》中所提出的十大未來項目之一。在「工業 4.0」策略中，互聯網將會滲透到所有的關鍵領域，原有的行業界限將會消失，新興的產業鏈條將會重組，全新的商業模式和合作模式將會出現。

　　「工業 4.0」項目主要分為三大主題：一是「智慧工廠」，重點研究智慧化生產系統及過程，以及網路化分布式生產設施的實現；二是「智慧生產」，主要涉及整個企業的生產物流管理、人機互動以及 3D 技術在工業生產過程中的應用等；三是「智慧物流」，主要透過互聯網、物聯網、物流網整合物流資源，充分發揮現有物流資源供應方的效率，需求方則能夠快速獲得服務匹配，得到物流支持。德國「工業 4.0」策略實施的重點在於資訊互聯技術與傳統工業製造的結合，其中大數據分析作為關鍵技術將得到較大範圍應用。

　　工業大數據是中國製造業轉型升級的重要策略資源，也是中國在未來的全球市場競爭中發揮優勢的關鍵，需要針對中國工業的特點有效利用工業大數據推動工業升級。中國工業技術進步速度較快，發展勢頭良好，但實現向工業大數據、智慧製造模式轉型依舊存在很多困難。隨著「中國製造 2025」國家策略的提出，工業大數據技術將是未來為製造業提高生產力、競爭力、創新力的關鍵要素，而且也將越來越趨近於標準化。

　　隨著工業資料的數量和類型不斷成長，工業大數據在現代和未來行業中將會發揮並繼續扮演越來越重要的角色。世界各國都牢牢地抓住了這次新發展機遇，提出了各種製造業刺激政策，以促進製造智慧化轉型。毫無疑問，工業大數據將日益成為全球製造業挖掘價值、推動變革的重要手段。

5.2　工業大數據關鍵技術

隨著資訊化技術的快速發展，與日俱增的海量資料已經不僅僅局限於計算科學領域的數值形式。在科學研究、日常生活、工業生產等領域無時無刻不在產生著大量的資料。這些資料已經不僅僅是生產活動的副產品，而是可被二次乃至多次加工的原料，從中可以探索出更大的價值，從而變成了生產資料。

在大數據研究迅猛發展的大環境下，資訊技術與工業技術的融合成為一個必然趨勢，工業大數據也應運而生。在 2011 年漢諾威工業博覽會（Hannover Messe）開幕式上，德國人工智慧研究中心的 Wolf-gang Wahlster 教授首次提出「工業 4.0」概念。2015 年中國政府也明確提出了「互聯網＋」的概念，將大數據上升到國家策略高度。

5.2.1　資料採集技術

由於工業大數據不僅具有一般大數據的特徵（資料容量大、多樣、快速和價值密度低），還具有時序性、強關聯、準確性、閉環性等特徵[4]，因此對於資料採集、管理和分析技術提出了較高的要求。工業資料體量普遍較大，大型工業企業的資料量甚至可以達到 PB、EB 級別[5]。工業資料廣泛分布於機器設備、工業產品、管理系統、互聯網等環節，同時包含了結構化、半結構化和非結構化資料。工業大數據對資料的獲得和處理速度提出了較高的要求，在生產現場的分析時限甚至達到了毫秒級別。因此，在未來的工業生產中主要面臨兩個挑戰：首先，資料採集量巨大，種類繁多；其次，如何將大量資料進行統籌分析，將結果回饋於生產。

資料採集（data acquisition）主要是從本地資料庫、互聯網、物聯網等資料源導入資料，是工業控制和監控中的重要環節，是資料處理、分析和展示的資料來源。資料採集是工業大數據應用的第一步，決定了所得到資料的品質和維度[6]，是後續資料探勘分析的基礎，資料的品質決定了模型所能達到的上限。利用資料採集技術收集及時、準確、足量的資料，對於工業大數據的應用有著非凡的意義。

傳統的工業界主要使用 SCADA 系統進行資料採集。SCADA 系統是基於現代資訊技術發展起來的生產過程監控與調度自動化系統，在工業

界的電力、機械等領域的資料採集和監控得到廣泛的應用。儘管 SCADA 系統可以對工業生產中的現場設備進行監控，具有資料採集、設備告警、設備控制以及參數調節等功能，但是其自身存在的若干不足導致 SCADA 系統難以滿足未來工業發展的需要。

a. 在複雜生產環境中，不同類型資料採用獨立的資料庫導致資料融合能力不足，無法共享資料。

b. 橫跨不同工業環境時 SCADA 系統通用性欠缺，發生環境變化時需要修改系統。

c. 在需要新增某類型資料或者使用不同通訊方式時，系統的靈活性和可拓展性存在不足。

綜合上述原因可以得出，構建一種具有高可拓展性、高通用性、高可靠性、能支持海量即時資料資訊採集的採集系統來代替傳統的 SCADA 系統具有非常重要的意義。透過借鑑互聯網行業在海量資料採集方面的成熟解決方案，可以將 ETL 技術進行針對工業大數據特點的優化修改，使其能夠運用於工業大數據採集[7]。

ETL（Extract-Transform-Load）技術是指將資料從來源端經過抽取（extract）、轉換（transform）、加載（load）到目的端的過程。在該過程中，用戶從資料源抽取需要的資料，經過清洗、處理，最終按照定義好的資料模型將資料加載到資料倉庫中。

ETL 過程的資料儲存區域包含資料源、資料暫存區以及資料倉庫。資料源可以是資料庫、系統文件、業務系統等，其中的資料包含感測器採集的海量 key-value 資料、文件資料、資訊化資料、介面資料、影片資料、圖像資料、音訊資料等。資料源中的資料透過 extract 過程被抽取，這裡需要解決的難點在於不同類型的資料具有各自的特點，因此抽取資料需要適應不同資料的特徵。在 transform 過程中會進行資料清洗、資料結構轉換、計算等處理，過程的中間資料和結果將被儲存在資料暫存區（Data Staging Area，DSA）。資料倉庫則用來儲存最後的結果或者壓縮後的結果。

由於在目前的工業生產中，感測器採集到的資料大多是半結構化資料和結構化資料，不需要經過複雜處理如資料清洗等，因此 ETL 模型可以對資料轉換過程進行簡化，將資料提取、處理以後即時加載到資料庫中。在實際的工業生產環境中，透過感測器、DCS、PLC 等其他資料源採集到的大量資料，先透過分布式資料處理，再透過 ETL 工具加載到 HBase、MySQL 和 SQL Sever 等資料倉庫中。在資料處理過程中常見的資料採集方式分為內部資料採集和外部資料採集[8]。

（1）內部資料採集

內部資料採集分為離線採集和在線採集。其中離線採集主要是基於文件、資料庫表等。基於文件的採集（如日誌分析）一般採用 gzip 等壓縮算法，代表產品有 Cloudera 的 Flume 和 Apache 等。而基於資料庫表的採集如經分系統，其代表產品為 IBM 公司的 CDC 產品和 MySQL 的 Binlog 採集產品等。在線採集主要是基於消息、流資料等。其中基於消息的採集，如性能資料採集的代表產品有 Linkedin 的 Kafka 和開源的 ActiveMQ 等。基於流資料的採集需要根據場景選擇對應的壓縮算法，代表產品有 IBM StreamBase、Twitter Storm 等。下面介紹兩種常用的內部資料採集技術。

Flume 是 Cloudera 提供的一個高可用、高可靠、分布式的海量日誌採集、聚合和傳輸的系統。Flume 支持在日誌系統中客製各類資料發送方，用於收集資料。它還能對資料進行簡單處理，並擁有寫到各種資料接收方的能力，同樣，這些資料接收方也可以客製。目前 Flume 擁有 Flume-ng 和 Flume-og 兩個版本。其中 Flume-ng 是經過重大重構的，最明顯的改動就是取消了集中管理配置的 Master 和 Zookeeper，變為一個純粹的傳輸工具，並且讀入資料和寫出資料由不同的工作線程處理，其目的是更簡單、體積更小而方便部署。Flume 由若干個 Agent 組成，每個 Agent 由 Source、Channel、Sink 3 個模組組成，其中 Source 負責接收資料，Channel 負責資料傳輸，Sink 負責資料向下一端的發送。相較於其他技術，Flume 具有獨特的優勢：能提供上下文路由特徵；能在資料生產者和資料收容器之間調整，來保證在收集資訊到達峰值時提供平穩的資料；可以將應用產生的資料儲存到任何集中儲存器中，如 HDFS 和 HBase；容錯率高並且方便管理升級。

Kafka 是由 Apache 軟體基金會開發的一個開源流處理平臺，由 Scala 和 Java 編寫。它是一種高吞吐量的分布式發布訂閱消息系統，可以處理消費者規模的網站中的所有動作流資料。Kafka 是一種快速、可拓展、分布式、分區和可復製的提交日誌服務。Kafka 的流程主要分為三層：Producer、Broker 和 Consumer。其中 Producer 代表發送消息者，Broker 代表 Kafka 集群中的每個 Kafka 實例，Consumer 代表消息接收者。一個 Topic 表示一類資訊，Kafka 對消息保存時根據 Topic 進行分類，將每個 Topic 分成多個 Partition 並以 append log 文件的形式儲存。每條消息以類型為 long 的 offset（偏移量）作為位置來直接追加到 log 文件的尾部。

（2）外部資料採集

外部資料採集主要為互聯網資料採集，可以分為網路爬蟲類和開放 API 類。網路爬蟲類指按照一定規則自動抓取互聯網資訊的程式框架，常見的開源技術有 Apache Nutch、Scrapy 等網路爬蟲框架。開放 API 類，即根據資料源提供者開放的介面獲取限定的資料，常根據實際情況進行客製化開發。下面簡要介紹 Nutch 和 Scrapy 技術。

Nutch 是一個開源 Java 實現的搜尋引擎，它提供了運行搜尋引擎所需的全部工具，包括全文搜尋和 Web 爬蟲。Nutch 經由最初的 Nutch1.2 版本從搜尋引擎演化為網路爬蟲，接著進一步演化為兩個分支版本：1.× 和 2.×。兩者的區別在於 2.× 版本對底層資料儲存進行了抽象以支持各種底層技術。Nutch 由爬蟲 Crawler 和查詢 Searcher 組成。其中 Crawler 主要用於從網路上抓取網頁並且建立相應的索引。Searcher 主要利用前者建立的索引檢索用戶的查找關鍵字來產生查找結果，Crawler 和 Searcher 之間的介面是索引。

Scrapy 是利用 Python 開發的一個快速、高層次的螢幕抓取和 Web 抓取框架，用於抓取 Web 站點並從頁面中提取結構化的資料。Scrapy 用途廣泛，可以用於資料探勘、監測和自動化測試。最初 Scrapy 是為了頁面抓取而設計的，也可以應用在獲取 API 所返回的資料或者通用的網路爬蟲中。相較於 Nutch，Scrapy 學習成本低很多，只需客製開發幾個模組便可以實現一個爬蟲。Scrapy 提供了可客製的能力，如爬取機制、URL 過濾策略等。

在工業資訊化不斷提升的今天，物聯網在電網、製造業中得到廣泛的應用，不計其數的智慧感測終端和智慧採集設備導致資料來源和資料種類也愈發多種多樣[9]。面對現代工業對於資料融合能力、採集系統通用性和採集系統可拓展性的高要求，傳統的 SCADA 系統已經難以滿足。針對上述問題採用 ETL 技術來完成資料採集和即時流資料處理，並結合 Kafka、RabbitMQ、Storm 等即時流資料處理技術，提升了資料採集的即時性和效率，相較於傳統技術更加充分、合理地利用了工業大數據。

5.2.2　資料儲存與管理技術

隨著「工業 4.0」概念的產生與興起，製造業、電網等開始步入大數據時代。在生產流程的設計、製造、維修的整個週期中，無時無刻不在產生著大量的結構化、半結構化和非結構化資料[5]，這些資料具有資料

量大、多樣、快速、價值密度低、時序性、強關聯性、準確性和閉環性等特點，並且具有儲存效率高、檢索速度快的基本要求。數量眾多的小文件以及文件類型的多樣性使工業大數據儲存和檢索面臨著嚴峻的挑戰。作為產業革命的核心，工業大數據是實現智慧生產的重要因素，因此如何合理地儲存和管理大數據顯得尤為重要。

針對以上要求，採用分布式資料儲存管理技術可以有效地降低儲存成本、提高資料處理能力，其主要儲存模式為冗餘儲存模式，即將同一份文件塊復製並且儲存在不同儲存節點中。

（1）HDFS

目前常用的分布式儲存技術包括 Google 的 GFS（Google File System）和 Hadoop 的 HDFS（Hadoop Distributed File System），其中 HDFS 是 GFS 的開源實現。同時也存在著基於 GoogleGFS 的分布式即時資料管理系統 Big Table 和基於 HDFS 的 HBase，兩者都能使管理大數據更加方便，並且摒棄了傳統的單表資料儲存結構，採用了由多維表組成的按列儲存的分布式即時資料管理系統來組織和管理資料[10]。

HDFS 作為 Hadoop 的分布式文件系統，是分布式系統中資料儲存和管理的基礎[11]。相比其他分布式文件系統，該系統的特點包括：適合大文件的儲存和處理，速度可以達到 PB 級；集群規模可動態拓展，當儲存節點在運行狀態下加入集群中時集群仍然可以正常工作；資料一次寫入多次讀取；採用資料流式讀寫的方式增加了資料的吞吐量等。下面，我們從 HDFS 的系統架構、副本機制以及可靠性保障三個角度來詳細介紹 HDFS。

① HDFS 系統架構　HDFS 採用主從結構，即 HDFS 集群由一個 Namenode 和多個 Datanode 組成，如圖 5-1 所示。一般集群中選擇一臺設備作為 Namenode，其作用是控制系統的運作。剩下的設備則作為 Datanode 進行資料儲存。客户端透過 Namenode 和 Datanode 的互動來實現對文件系統的訪問，集群可同時被多個客户端訪問。在上傳文件時文件被默認分成大小為 64MB 的 Block 塊[12]。

Namenode 是整個集群的控制中心，可管理系統元資料和控制文件讀寫流。元資料包括文件的命名空間、文件與 Block 的對應關係、Block 與 Datanode 的映射關係。在啟動集群時，Datanode 會自動上報文件資料塊的儲存位置和副本資訊。上傳文件時會將資料塊盡量分散到不同的 Datanode 上。訪問文件時用户先透過訪問 Namenode 的元資料獲取文件和其副本的儲存位置，再直接透過 Datanode 讀取文件。

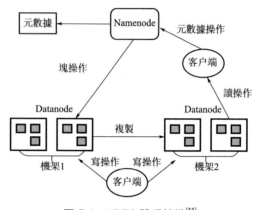

圖 5-1　HDFS 體系結構[11]

　　② 副本機制　由於 HDFS 設計的初衷是允許集群搭建在廉價設備上，因此可能會發生設備故障導致資料丟失，而 HDFS 的副本機制則很好地保證了資料的安全和系統的可靠性。HDFS 默認副本個數為 3 個，當文件被 Block 塊儲存時，資料塊被復製成三份，其中副本 1 被分配到本地磁碟內，副本 2 被存放在同一個機架的另一個節點，副本 3 被存放在不同的機架上，當一個副本損壞時會返回最近的一個副本來保證資料安全。如此既保證了效率，又防止整個機架失效導致資料安全問題。

　　③ 可靠性保障　除了副本機制，集群還有其他方式來保證資料的安全。心跳檢測[16]是指集群中的每個 Datanode 會定時向 Namenode 發送心跳包和塊報告，透過解析塊報告，Namenode 可以判斷出當機的 Datanode 並將任務分配給其他節點；安全模式是指在系統剛啓動時 Namenode 會進入安全模式，在此期間 Namenode 會檢測 Datanode 的資料塊副本數是否達到系統默認最小副本數，檢測完畢則會自動退出安全模式；資料完整性檢測是指在磁碟故障等導致資料丟失的情況下資料完整性檢測是必不可少的[13]。

　　(2) HDFS 的瓶頸及解決方案

　　雖然以 HDFS 為代表的分布式文件系統提供了大數據的儲存支持能力，但是由於設計時系統沒有考慮對即時、高性能的資料處理的支持，導致這些分布式文件系統存在著若干不足。工業大數據包含多種資料，如文本、影片、圖像等，這些資料來源廣泛並且資料之間的關聯性強。由於感測器的數量極大以及生產車間無時無刻不在產生大量小資料，可能只有幾千字節，對於海量小文件的處理已經成為傳統分布式文件系統

的瓶頸[14]。

　　a. 由於大量小文件的存在，HDFS 按照資料每 64MB 分塊，因此每個小文件占據一整塊資料塊造成了儲存資源的浪費。

　　b. 大量存在的小文件導致元資料量的激增，從而給管理節點帶來極大的負荷，並且在進行海量小文件操作時需要花費大量的網路通訊開銷，導致網路資源利用率低。

　　c. 工業大數據具有時效性導致不同資料訪問頻率不同，現有的分布式儲存方法採用靜態副本方式，副本數量固定，可拓展性低，因此無法滿足工業大數據的動態要求。

　　針對海量小文件處理問題，目前研究的方向主要有兩個：一是增加 Namenode 節點的數目，二是將小文件組織成大文件進行管理。由於後者既能節省元資料儲存空間，又可以避免資料塊儲存空間的浪費，因此成為目前的主流方向。針對小文件組織成大文件，HDFS 提出了以下三種解決方案[12]。

　　① HAR file　　HAR file 是最先被提出的方案，其原理是透過在 HDFS 上構建一個層次化的文件系統，將小文件打包成一個 .har 文件，可以透過 har：//來訪問資料。由於 .har 文件保存了小文件的內容和位置索引，訪問時需要讀取兩層 index 文件和文件本身資料，因此讀取文件的速率有所下降。

　　② Sequence file　　Sequence file 文件是 Hadoop 用來儲存二進制形式的 key-value 而設計的一種平面文件。其原理是將小文件名作為 .key、文件內容為 value 存放在一個 .seq 文件中，可以透過 key 來直接查找 Sequence 中的資料。不僅如此，Sequence 還可以透過 MapReduce 分割成多個資料塊單獨處理，並且每個 key-value 對還支持壓縮。根據此特性可以透過並行方式產生一系列 Sequence 文件來加快儲存速率。

　　③ Map file　　Map file 是由 Sequence file 變化而來的，透過將鍵值對進行排序並增加索引資料使檢索更加高效。

　　除了上述三種方式外，壓縮也是一種更簡單、有效的方式，將眾多小文件壓縮成一個大文件能節省大量的空間。但此方式只適用於更改頻率不高的資料，否則每次更改時的解壓縮使操作更加煩瑣。

　　（3）HBase

　　HBase 是基於 Hadoop 的面向列式開源資料庫，是 GoogleBigtable 的開源實現，它彌補了傳統的關係資料庫在處理大數據時的高並發讀寫、高效率儲存和訪問、高可拓展性和高可用性方面的局限。HBase 具有優秀的讀寫性能，充分利用磁碟空間，並且支持各種壓縮算法。

在 HBase 資料庫中，資料以表的形式儲存，表由行、列確定一個儲存單元，每個儲存單元裡包含了同一份資料的多個版本，由時間戳加以區分，其中行鍵為檢索記錄的主鍵。

HBase 根據行鍵範圍進行分割形成不同的 Region，每個 Region 有一個容量閾值，當大小超過閾值時將會分割形成行的 Region。同一個 Region 的資料儲存在 HDFS 的同一臺機器上，由 HDFS 提供資料拓展、備份、同步等服務。Region 也是集群進行分布式儲存和負載均衡的最小單位。

每臺機器上都有一個用來管理多個 Region 實例的守護進程 HRegionServer。當寫入資料前會先寫一個資料日誌 HLog，以此來強制保護資料的一致性。每個 Region 伺服器只維護一個 HLog，因此不同表的 Region 日誌是混合儲存在一起的，如此便可以在不停追加同一個日誌文件時，相對於多個日誌文件減少磁碟尋址次數。

每個 Region 由一個以上的 Store 組成，每個 Store 由多個 MemStore 和 StoreFile 組成，其中每個 Store 保存一個列族的所有資料，而 StoreFile 以 HFile 儲存在 HDFS 上，如圖 5-2 所示。當客戶端寫入資料時先寫入 HLog，再寫入 MemStore，當 MemStore 的資料達到閾值時資料會被刷新到磁碟形成一個 StoreFile，StoreFile 的數量達到一定閾值後會合併成一個 StoreFile，StoreFile 在合並時若文件大小超過一定閾值，則當前的 Region 會自動分割為兩個 Region[12]。

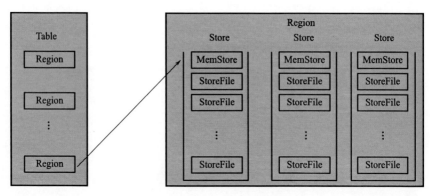

圖 5-2　Region 內部模型[12]

主伺服器 HMaster 負責協調 Region 伺服器的負載，維護集群狀態，透過 Zookeeper 來對 HRegionServer 的狀態進行監控，HRegionServer 負責具體資料通訊的管理。

Zookeeper 是一個獨立開源系統，其作用是為分布式系統進行協調所有權、註冊服務、監聽更新。Region 伺服器在 Zookeeper 中註冊一個臨時節點，主伺服器透過利用這些臨時節點來發現可用伺服器，同時監控機器故障和網路分區。

在元資料的管理方面，用戶訪問資料表時首先透過 Zookeeper 找到 root 表，再透過 root 表儲存的 meta 表的元資料找到 meta 表，接著透過儲存在 meta 表裡的 Region 的元資料找到對應的 Region，最後便可以在 Region 中找到所需的資料。在此過程中，隨著 Region 增多，meta 的資料會分割成多個 Region，但為了保證只需三次跳轉便可定位到具體資料，root 表中的資料增多時 root 表永遠不會分割。

工業大數據要求對海量小文件進行持久化儲存，而 Oracle、DB2、PostgreSQL、Microsoft SQL Server 等關係型資料庫在可拓展性和非結構化類型資料儲存方面表現不佳，相對而言以 HBase 為代表的非關係型資料庫則在海量資料讀寫方面表現出了良好的性能，彷彿天生就是為海量資料的儲存和檢索而設計的[15]。HBase 憑藉其高可靠性、高性能、列儲存、可伸縮、即時讀寫的優點在工業界得到廣泛的應用[12]。

5.2.3　大數據計算模式與系統

(1) 大數據計算與系統面臨的挑戰

對於工業而言，隨著資訊化建設的加快和工業物聯網的普及，當前世界所擁有的資料總量已經遠遠超過任何歷史時期的資料量，並且還以倍增的趨勢在不斷增加。這些資料種類繁多，產生速率快，價值稀疏但價值總量大，資料價值的有效時間急劇減少，因此對資料計算能力的要求也越來越高[20]。

大數據計算是發現資訊、探勘知識、滿足應用的必要途徑，也是大數據從收集、傳輸、儲存、計算到應用等整個生命週期中最關鍵、最核心的環節。大數據計算的成功與否決定了是否能夠成功探勘出大數據中蘊含的價值。面對目前大數據時代複雜的資料計算任務，大數據計算模式和系統受到了新的挑戰。

① 可拓展性　計算框架的可拓展性決定了計算規模和計算並發度等指標。

② 容錯率　大數據計算框架需要考慮到底層儲存系統可能存在的不可靠性，一旦發生錯誤需要系統自動恢復並且將運行時產生的錯誤對使用人員透明顯示。

③ 任務調度模型　需要保證大數據計算平臺多用戶調度的資源公平

性、資源利用率和高吞吐率。

④ 時效性　隨著時間推移，資料的價值往往會不斷衰減，解決方案包括資料的即時計算以及縮短系統響應時間等。

⑤ 高效可靠的 IO　目前硬碟和網路的 IO 讀寫速率遠遠低於記憶體讀寫速率，透過算法調整等可以提高 IO 效率。

(2) 大數據計算模式

大數據並行化計算是整個大數據處理過程中的計算核心層。由於工業大數據體量巨大、時效性強而且包含大量結構化和非結構化資料，傳統的串行計算模式已經不能滿足實際應用中的複雜多樣的計算需求。因此，出現了多種大數據計算模式，例如大數據查詢分析計算、批處理計算、流式計算、圖計算、迭代計算和記憶體計算等。

a. 大數據查詢分析計算模式的典型系統包括 Hadoop 生態系統中的 Hive、Pig，Cloudera 公司的即時查詢引擎 Impala 等。

b. 批處理計算模式的典型系統有 Apache 的 MapReduce 和 Spark。批處理計算常被用於靜態資料的離線計算和處理，其初始的設計目的是解決大規模的資料計算。MapReduce 是一種典型的大數據批處理模式，它憑藉簡單易用的 Map 和 Reduce 令兩個資料處理過程得到了廣泛的應用。Spark 則比 MapReduce 在各方面都有顯著的提升。

c. 流式計算模式指的是需要對一定時間內的資料完成高即時性計算的計算模式，因此其相對於批處理計算模式更加關注資料處理的即時性。典型的流式計算系統有 Twitter 公司的 Storm、Yahoo 公司的 S4 和 A-pache Spark 的 Spark Streaming。

d. 圖計算模式是用來解決圖結構（如社群網路、路網、病毒傳播）的資料並行處理的一種計算模式，常見的圖計算系統有 Pregel、Giraph 和 GraphX 等。

e. 迭代計算模式是為了改進 MapReduce 在迭代計算模式上存在的不足而產生的一種計算模式。

f. 記憶體計算模式可以進行高響應性能的大數據查詢分析計算，目前使用記憶體計算進行高速大數據處理已經成為大數據計算的重要發展趨勢，Spark 則是記憶體計算模式的一個常見系統[19]。

(3) MapReduce 的應用

在諸多大數據計算模式中，屬於批處理的 MapReduce 技術具有拓展性和可用性，對於新資訊時代海量且種類繁多的資料來說更為適合，因此目前工業界及 IT 界通常採用 MapReduce 技術。

　　分布式計算框架 MapReduce（圖 5-3）是 Hadoop 的海量資料處理的並行編程計算框架，運行在 HDFS 上，能夠處理最高達 PB 級別的資料。MapReduce 計算模型在 2004 年由 Google 的 Jeffrey Dean 和 Sanjey Ghemawat 提出[17]，並且在 ACM 等學術期刊轉載。MapReduce 採用「分而治之」的思想，透過將一個大任務分解成一系列小且簡單的任務分發到平臺各計算節點進行並行計算，最後將各計算節點得到的結果匯總得到最終結果，如此便實現了在更短時間內對海量資料進行複雜的並行計算[21]。

　　Hadoop MapReduce 採用 Maste/Slave 架構，其構成成分有 Client、JobTracker、TaskTracker 和 Task。在 MapReduce 的 shuffle 過程中，map 的輸出結果會被哈希函數按照 key 值劃分為和 reduce 相同的數量，如此可以保證一定範圍內的 key 由某個 reduce 處理。在 shuffle 過程前，存在一個類似於 reduce 過程的 combine。與 reduce 不同的是 combine 是為了減少 reduce 的任務量和資料傳輸量在 shuffle 之前進行的一個合併[18]，而 reduce 是對所有節點的 map 進行匯總。

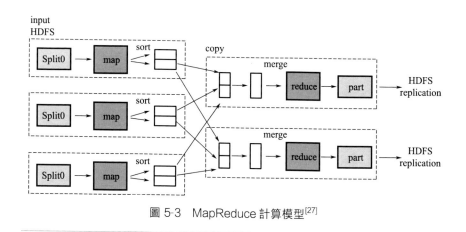

圖 5-3　MapReduce 計算模型[27]

　　對於系統來說並不是 map 的個數越多資料處理速度就越快。由於 map 個數與 split 相同，split 劃分的公式為：

$$Splitsize = \max(minimumsize, \min(maximumsize, blocksize))$$

式中，blocksize 默認為 64MB，minimumsize 是用戶設定的分片最小值且不宜過小，maximumsize 是用戶設定的分片最大值且不宜過大，因此一般默認 minimumsize 和 maximumsize 都等於 blocksize。對於海量小文件來說，可以調高 minimumsize 的大小，讓多個小文件合併為一個 split，

以此來防止過多的 map 占用過多的系統資源。

　　Spark 是一種與 Hadoop 相似的開源集群計算環境，其不僅擁有 MapReduce 的優點，而且 Spark 的 job 中間輸出結果可以保存在記憶體中而無需讀寫 HDFS，因此 Spark 能更好地適用於資料探勘與機器學習等需要迭代的 MapReduce 算法。在容錯性方面，Spark 資料以彈性分布式資料集（RDD）的形式存在，透過 Lineage 獲取足夠的資訊來重新運算和恢復丟失的資料分區，以此保證 Spark 計算框架的容錯性。

　　目前工業大數據對計算的需要主要分為即時計算和離線計算。以 MapReduce 為代表的大數據批處理計算技術常應用於工業大數據的離線計算和處理。相比於傳統技術，MapReduce 的低成本、高可靠性、高拓展性特點降低了大數據計算分析的門檻。例如在歐洲，智慧電網已經做到了終端——智慧電表，透過對電網每隔 5min 收集到的歷史總資料進行離線大數據並行處理計算以及分析，可以預測出用戶的用電習慣以幫助用戶根據預測用電量預先購買電量。而以 Storm、Spark Streaming 為代表的大數據流計算技術則偏向於資料處理的即時性，提供了可靠的流資料處理，可以用於工業生產車間即時檢測分析、分布式遠端過程等。例如在奇異的能源監測和診斷中心，透過對感測器從燃氣輪機即時採集而來的燃氣輪機資料（包括振動訊號以及溫度訊號等）進行即時並行處理計算和分析，以此為根據可以支持故障診斷和預警[22]。

　　隨著不斷增加的資料量和不斷擴大的資料處理需求，大數據計算框架的吞吐量、即時性和可拓展性也在不斷地提高，大數據計算方面的研究也將成為一個研究熱點。在工業大數據的背景下，批處理計算和流式計算將進一步融合以減少框架維護開銷。例如現在的 Spark 框架不僅支持離線的批處理計算，還能透過 Spark Streaming 進行在線的即時分析[23]。

5.2.4　大數據分析與探勘

　　工業大數據分析與探勘技術指的是在製造業中透過快速獲取、分析、處理海量的製造業流程資料和多樣化的生產資料，從而提取出其中有價值的資訊，來幫助工業生產制訂生產計劃。工業大數據作為具有潛在價值的原始資料資產，只有透過深入分析才能探勘出瑣細的資訊[22]。

　　對於大數據的分析探勘過程可以從兩個維度展開：一是從機器和電腦的維度出發，基於雲端運算透過高性能處理算法、統計分析、機器學習探勘算法來對資料進行分析探勘，這也是目前大數據分析探勘

的主流；二是從人的角度出發，強調以人為分析主體和需求主體，其中以大數據視覺化最為常見。下面從這兩個維度介紹常見的大數據分析與探勘技術。

（1）從電腦的角度

在電腦維度方面，雲端運算可以為大數據分析處理提供平臺。面對大數據時代傳統資料探勘存在的不足，雲端運算作為一種高拓展、高彈性、虛擬化的計算模式為大數據的儲存能力及處理速度提供了動力支撐，其中分布式儲存和分布式並行計算是雲端運算的核心技術。基於雲端運算，可以進行工業大數據的統計分析及資料探勘等方面的探索研究[24]。

統計分析是基於數學領域的統計學原理，對資料進行收集、組織和解釋的科學。對資料進行正確的分析已經成為工業大數據進行資料處理的重要步驟。基於 Hadoop 平臺的 Hive 能提供簡單的 SQL 查詢功能，並能適應大數據時代海量資料的快速查詢分析，十分適合資料倉庫的統計分析[25]，如圖 5-4 所示。

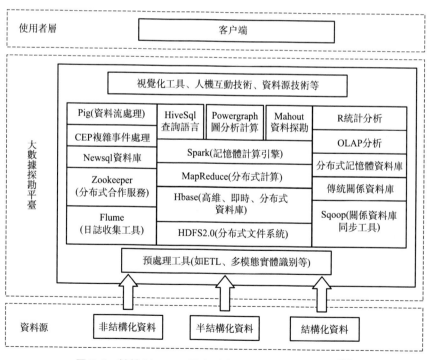

圖 5-4　基於 Hadoop 平臺融合多功能的大數據探勘[26]

如果說統計分析是為了對資料進行組織、解釋，那麼資料探勘便是為了探勘潛在的、未知卻有用的資訊[27]。工業大數據探勘技術可以透過算法對海量的、帶噪音、不完整的工業資料資源進行探究，尋找隱藏在資料中的資料知識。目前主要的大數據探勘技術包括關聯分析、聚類分析、分類預測和偏差檢測等[28]。

① 關聯分析　工業大數據來自設計、製造和生產等多個環節，資料之間的關係比較密切，常見的關聯關係包括簡單關聯關係、時序關聯關係、設備-軟體關聯關係和日誌操作關聯關係等。例如在時序關聯關係中，離群時序探勘是透過算法從大量時序資料中找出明顯偏離其他資料特徵表現的資料，以此來檢測設備運行是否正常，常用的算法有基於Apriori 的關聯規則探勘算法等。

② 聚類分析　在製造業領域中，聚類分析指的是將具有相似特徵表現的資料歸為一類，同一類的資料對象有較高的相似度。工業大數據大多是設備產生的資料，資料集缺乏詳細描述資訊，因此便可透過聚類分析將資料集分為多個簇，使同類資料保持較高相似性、不同類資料保持較高差異性。聚類算法大致可分為基於密度的聚類方法、基於劃分的聚類方法、基於模型的聚類方法和基於層次的聚類方法。其中 K-means 是非常經典的基於距離的聚類算法，對象之間的距離越近則相似度也就越大，對象將被劃分為距離其最近的一個簇中心所代表的簇。

③ 分類預測　在目前應用工業大數據的過程中，由於大多數資料保存得比較混亂，例如設備的種類和數量較多，關於設備維修、更換、記錄等資訊較多，因此難以保持一致。分類預測是將大量資料根據不同特點進行劃分映射到一個給定的類別中。例如在進行產品品質檢測時可以根據多個特徵進行分類預測，判斷某個產品是否有品質問題。常見的分類算法包括決策樹、神經網路、樸素貝葉斯和遺傳算法等[29]，而由決策樹算法演變而來的集成樹模型如 xgboost 憑藉其高準確率和短訓練時間受到廣泛認可。

④ 偏差檢測　在資料探勘中，對於異常資料的探勘尤為重要。例如工業生產網路安全監測被稱為偏差檢測。偏差檢測主要指分類中的反常實例、裡外模式、觀測結果距離期望值存在的偏差。偏差檢測用來尋找觀察結果、參照之間的有意義差別，其最重要的作用便是可以有效過濾掉大量無關資訊[30]。

(2) 從人的角度

從人的方面來說，大數據視覺化同樣是一種重要的大數據分析方法。

大數據視覺化分析旨在利用電腦自動化分析能力的同時，充分探勘人對於視覺化資訊的認知能力優勢，將人和電腦的各自強項進行結合，藉助人機互動分析方式輔助人類更為直觀和高效地洞悉隱藏在大數據背後的資訊。

　　資料視覺化出現在 1950 年代，典型的例子是利用電腦創造出了圖形圖表。目前，資料視覺化包括科學視覺化和資訊視覺化。傳統的視覺化算法應用在小規模電腦集群中，計算節點最多可達到幾百個，然而工業大數據的資料量往往是 TB 甚至是 PB 的，因此大數據視覺化分析通常應用高性能電腦群、處理資料儲存與管理的高性能資料庫組件及雲端伺服器和提供人機互動介面的桌面電腦。

　　傳統資料探勘的展示適於資料量較小且關係比較簡單的資料結果集，主要以文件、報表及少數視覺化圖形（如 ROC 圖、餅狀圖等形式）來反映模型效果性能和探勘資訊。但面對多維、海量、動態的工業大數據，由於 I/O 限制、拓展性不強等因素導致視覺化效果不佳。而大數據的展示則是以人機互動的視覺化方式將複雜的大數據以圖像等形式進行直觀解釋，並加上自動的視覺化分析來幫助用戶更好地理解資料[31]。例如反映工業生產資料歷史變化的歷史流圖和空間資訊流等，主要基於並行算法技術實現。

5.3　工業大數據與智慧製造

　　近年來，物聯網、雲端運算、人工智慧等技術的發展推動著工業界走向新的變革。智慧製造時代的到來，也意味著工業大數據時代的到來。在製造業轉向智慧製造的過程中，將催生工業大數據的廣泛應用。同時，工業大數據技術也將推動智慧製造的進步和發展。本節將介紹工業大數據標準、大數據的工業應用、大數據構成新一代智慧工廠以及智慧製造中的大數據安全。

5.3.1　工業大數據標準

　　工業大數據標準體系由基礎標準、資料處理標準、資料管理標準和應用服務標準四部分組成，工業大數據標準體系框架如圖 5-5 所示。

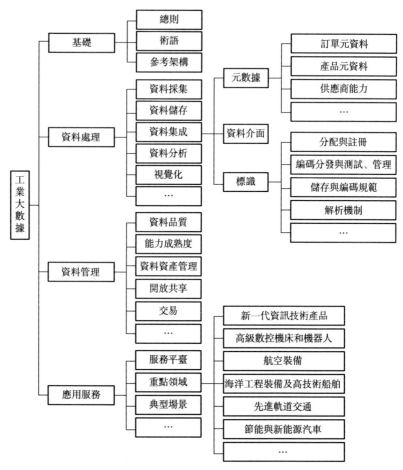

圖 5-5　工業大數據標準體系框架

（1）基礎標準

　　基礎標準主要為整個標準體系提供總則、術語、參考框架等基礎性標準。其中，術語主要用於對工業大數據領域的常用術語進行規範和統一，參考框架則給出了工業大數據的基礎架構和研究範圍。

　　（2）資料處理標準[32]

　　資料處理標準用於規範工業大數據的資料處理相關技術，主要包括資料採集、資料儲存、資料集成、資料分析和資料視覺化五類標準。資料採集包括感測器以及感測網路等標準，確定感知和感測技術在工業領域的應用規範。資料儲存包括關係型、非結構化等資料儲存標準，將資

料儲存的需求、定義方法、格式要求、儲存實現技術等進行標準化定義。資料集成旨在透過元資料定義通用對象實體的資料內容和格式，主要用於解決產品全生命週期資料的一致共享問題其中資料交換方式由資料介面標準進行規範，工業內實體對象分類和關鍵資料由標識標準進行唯一ID標識，從而保證內外部標識、檢索和追溯的一致性。資料分析標準主要包括對資料建模技術、通用分析算法、工業領域專用算法等技術的規範。資料視覺化標準旨在規範工業資料處理應用過程中所需的資料視覺化展現工具的技術和功能要求。

（3）資料管理標準

資料管理標準主要用於規範工業大數據的資料管理相關技術，包括工業大數據的能力成熟度、資料資產管理、資料品質、資料開放共享和交易等。其中能力成熟度標準對工業資料過程能力的改進框架進行規範。資料資產管理標準能夠給出工業資料的需求定義和實施規範，在使用資料資產的過程中進行認證、授權、訪問和審計規範，包括資料架構管理、資料操作管理、資料安全、資料開發等標準。資料品質標準包括定義業務需求、資料品質檢測、品質評價、資料溯源等標準，主要為工業資料品質制定相應的規範參數和指標要求，以確保工業資料在產生、儲存、交換和使用等各個環節中的資料品質。資料開放共享標準主要對要向第三方共享的開放資料中的內容、格式等進行規範。

（4）應用服務標準

應用服務標準主要對工業資料應用平臺確定應用和實施規範，包括重點領域、服務平臺和典型場景應用資料三類標準。重點領域標準是指在各個重點領域中根據其特性產生的專用資料標準，主要有十大重點領域：新一代資訊技術產業、高檔數控機床和機器人、航空航太裝備、海洋工程裝備及高技術船舶、先進軌道交通裝備、節能與新能源汽車、電力設備、農機裝備、新材料、生物醫藥及高性能醫療器械。服務平臺標準包括工業資料平臺標準和測試標準兩個方面，其中工業資料平臺針對大數據儲存、處理、分析系統規範其技術架構、建設方案、平臺介面、管理維護等方面。典型的應用場景標準是指針對於在各應用場景所產生的專用資料標準。

5.3.2　大數據的工業應用

自工業大數據被提出以來，各個部門和研究院不斷開展工業大數據的相關研究，提出多項標準並制定專項規範，相關成果不斷在各地推廣

應用。在工業中，大數據主要應用在企業研發設計、複雜生產過程、產品需求預測、工業供應鏈優化、工業綠色發展等環節。

（1）企業研發設計中的應用

工業大數據在研發設計方面主要用於提高研發人員的創新能力、效率與品質，具體情況可以分為基於模型和仿真的研發設計、基於產品生命週期的設計和融合消費者回饋的設計三個方面。

基於模型的研發設計，一般從概念設計就以數位化模型為載體，在設計階段對歷史資料資訊進行採集、整理、分析，構建全方位的產品資料模型，也可根據具體情況對產品模型進行修改和完善，將最終的方案資料透過生產設備進行產品製作。而基於仿真的研發設計，產品的設計資訊會附著在產品資料模型上，產品模型一經修改，設計資訊就會發生變化，改變的內容會傳遞到分析測試模型、生產模型、工程圖等其他模型。如果基於虛擬仿真平臺，則可以儲存技術知識和產品開發過程中所需的資料，從而為產品研發設計提供精確的科學依據，對產品進行綜合的驗證，透過數位化模型的虛擬實境技術及早發現缺陷，從而克服以往靜態、依賴設計師經驗的缺點。

基於產品生命週期的設計涉及廣泛的知識領域，要綜合考慮環境、功能、成本、美學等設計準則，有遠端監控資料、能耗資料、故障維修資料、生產加工資料等多個來源。如果運用大數據分析、檢索等大數據相關技術可以將產品生命週期設計中所需的大數據與其他設計過程集成，以高度有序化的方式展示產品生命週期設計，使得產品生命週期大數據在設計過程中得到有效的應用，並被評價和推薦，便於集成技術人員在設計中產生的新知識，進一步豐富產品設計大數據。

在融合消費者回饋的設計中，可以利用工業資料平臺獲取消費者、市場等資料資訊，包括產品回饋、市場需求和消費者習慣等資訊，使生產者和消費者之間的「資訊黏性」降低，並可以透過這些關聯資料資訊，利用大數據探勘分析技術，根據相關性去匹配產品需求、細化客戶類型、分析興趣愛好，針對客戶喜好不斷改進產品的功能和款式。除此之外，消費者還可以和大數據平臺進行互動，自行客製產品、配置工具，從而更直接、深入地參與到產品創新設計的過程中。

（2）複雜生產過程中的應用

在工業物聯網的生產線上，透過安裝大量的感測器設備，利用即時採集到的資料實現多種形式的分析，包括設備診斷、用電量分析、能耗分析、品質事故分析等。首先，在生產過程中使用大數據可以分析整個

生產流程，了解每個環節的執行過程，一旦某個流程發生了偏離就會發出報警訊號，從而快速發現錯誤位置並解決。同時，利用大數據技術還可以虛擬建模出整個工業產品的生產過程，仿真並優化生產流程，當在系統中能夠重建所有流程和績效資料時，有助於製造企業更方便地改進生產流程。再者，利用感測器集中監控生產中的所有生產流程，能夠很容易地發現能耗的異常或者峰值，從而對生產過程中的能耗進行優化，降低能耗。此外，還可以基於 MES 等系統對生產線進行智慧化升級，透過讀取與互動資訊，結合自動化設備，促使製造自動化、流程智慧化。而且，大數據分析還可以幫助解決生產線平衡和瓶頸問題，以最大化產能、最佳化排程以及最小化庫存和成本。

在生產品質控制方面，重點解決品質分析問題和品質預測問題。對於訂單、機器、工藝、計劃等生產歷史資料、即時資料及相關生產優化仿真資料，可以利用工業大數據技術，透過聚類等資料探勘方法和預測機制建立多類生產優化模型，探勘產品品質特性和關鍵工藝參數之間的關聯規則，為線上工序品質控制、工藝參數優化提供指導性意見。此外，還可以基於品質特徵值追蹤製品品質，建立關於工位節點設備、人員、工藝、物料等動態即時資訊的多維模擬視圖，分析製品品質的缺陷分布規律，為以後的品質追蹤提供依據。

工業大數據使工業生產計劃與排程更加智慧可靠。在多品種小批量的生產模式下，資料的精細化自動及時採集和多變性會導致資料數量急劇增加，從而給予企業更詳細的資料資訊，對預測資訊與實際資訊進行糾正，並考慮產能、物料、人員、模具等約束，透過智慧化算法進行優化，制訂預計劃排程，並根據即時情況動態調整計劃。

（3）在產品需求預測中的應用

首先利用互聯網爬蟲技術、Web 服務等不同技術廣泛獲取互聯網相關資料、企業內部資料、用戶行為資料等，對用戶的喜好、需求進行統計分析，透過消費族群的需求變化和關注點進行產品的功能、性能調整，設計出更加符合核心需要的新產品，為企業提供更多的潛在銷售機會。而且，還可以將族群進行智慧分組，針對不同的族群推送特定的產品。

（4）在工業供應鏈優化中的應用

在工業供應鏈中，可以透過全產業鏈的資訊整合，使得整個生產系統協同優化，讓生產系統更加動態靈活，提高生產效率並降低生產成本，主要用於工業供應鏈配送體系優化和用戶需求快速響應。

工業供應鏈配送體系優化的主要手段是透過 RFID 等產品電子標識、

物聯網、行動互聯網等技術獲得完整的產品供應鏈大數據，然後透過獲取的資料準確分析和預測全球不同區域的需求，進而調節和改善配送和倉儲的效率。若有故障發生，可以根據感測器獲取的資料，分析產品故障部分，確認替換配件需求，從而確定何處以及何時需要零件，這會極大地提高產品時效性、減少庫存、優化供應鏈。

用戶需求快速響應也就是利用大數據分析技術，分析和預測即時需求，縮短用戶需求響應時間，增強用戶體驗。

(5) 在工業綠色發展中的應用

工業綠色發展的目標是使產品在設計、製造、使用和報廢的整個生命週期中能源消耗最低、環境汙染最小甚至不產生環境汙染。因此，在工業綠色發展體系中特別強調處理與資源消耗、環境汙染等有關的資訊，系統將這些資訊與製造系統的資訊流系統結合，統一優化處理。新一代資訊技術透過監控和管理產品的配方、工藝、製造、運輸、使用、報廢的全過程，充分採集產品資料資訊，加以資料分析、探勘技術，為工業綠色發展奠定了很好的基礎。

5.3.3　大數據構成新一代智慧工廠

工業大數據是智慧製造中的關鍵技術，為打通物理世界和資訊世界、推動生產型製造轉向服務型製造發揮著十分重要的作用。工業大數據在新一代智慧工廠中有著十分廣泛的應用，包括從產品市場獲取需求、研發產品、製造產品、系統運行、服務等階段到產品報廢回收的整個產品生命週期，如圖 5-6 所示。智慧化設計、智慧化生產、網路化協同製造、智慧化服務、個性化客製等場景都離不開工業大數據。

在智慧化設計中，可以利用大數據技術分析產品資料，從而實現自動化設計和數位化仿真優化；在智慧化生產中，工業大數據技術可以實現人機智慧互動、工業機器人、製造工藝的仿真優化、數位化控制、狀態監測等生產製造的應用，提高生產故障預測準確率，綜合優化生產效率；在網路化協同製造中，工業大數據技術可以實現產品全生命週期管理、客戶關係管理、供應鏈管理、產供銷一體等智慧管理的應用，透過設備聯網與智慧控制，達到過程協同與透明化；在智慧化服務中，工業大數據透過採集、分析和優化產品運行及使用資料，可以實現產品智慧化以及遠端維修；工業大數據可以實現智慧化檢測監管危險化學品、食品、印染、稀土、農藥等重點行業應用；在以個性化客製為代表的典型智慧製造模式下，可以透過工業大數據的全流程建模，對資料源進行集成貫通。

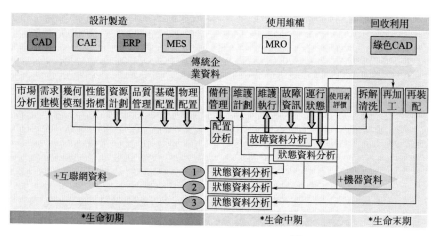

圖 5-6　工業大數據全生命週期[33]

作為智慧製造標準體系五大關鍵技術之一，工業大數據在智慧製造標準體系結構中的位置如圖 5-7 所示。

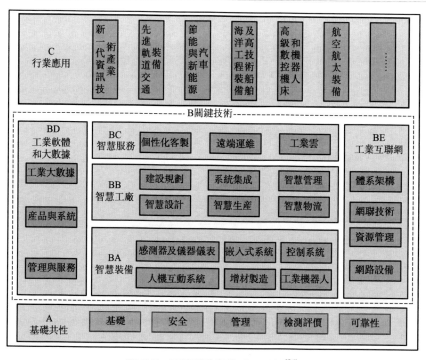

圖 5-7　智慧製造標準體系結構[34]

其中，工業軟體和大數據部分構成如圖 5-8 所示。

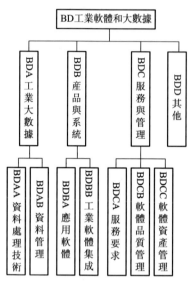

圖 5-8　工業軟體和大數據部分構成圖[34]

工業大數據標準在《國家智慧製造標準體系建設指南（2015 年版）》中有詳細的描述：工業大數據標準主要包括面向生產過程智慧化、產品智慧化、新業態新模式智慧化、管理智慧化以及服務智慧化等領域的資料處理技術標準以及資料品質、能力成熟度、資料資產管理、資料開放共享和交易等資料管理標準。

工業大數據基於工業資料，運用先進的大數據分析技術、工具和方法，應用於工業設計、工藝、生產、管理、服務等各個環節，賦予工業系統、工業產品描述、診斷、預測、決策、控制等智慧化的功能模式。隨著社會的發展，以及用戶需求的提升，工業領域產生的資料量已經超過了傳統技術的處理能力，必須藉助大數據技術和方法處理資料，從而提升生產效率。

雖然工業大數據與傳統商務大數據有所不同，但是要促進新一代智慧工廠的發展，實現工業資料的採集、處理、儲存、分析和視覺化，工業大數據依然需要借鑑傳統大數據的分析流程和技術。例如，可以在工業大數據的集成與儲存環節中應用大數據技術，支撐實現高即時性採集、大數據量儲存及快速檢索。應用大數據處理技術的分布式高性能計算能力，可以為海量資料的查詢檢索、算法處理提供性能保障。另外，在工

業製造過程中可以借鑑大數據的治理機制對工業資料資產進行有效治理，產生高品質的工業大數據。

5.3.4 智慧製造中的大數據安全

（1）網路安全

在大數據環境下，企業或者事業單位一定要加強對電腦網路的監管力度，提升防範能力，對網路安全給予高度重視。首先，應該加強對網路安全知識的教育和宣傳工作，引導公眾正視網路安全，從個人資訊做起，增強個人的保護意識。其次，需要制定相關的規章制度，將網路管理進行合理的流程化，構建出系統化程式。再次，要提高對網路的認識，避免錯誤操作帶來的危險。最後，要及時發現並修補電腦漏洞，加強預防能力，維護防火牆的合理設置。

（2）系統安全

通常情況下，系統安全和系統性能與功能是一對矛盾體。在獲得系統安全的同時，必然會犧牲一定的系統性能與功能。如果把系統與外界完全隔離，外界不可能對此系統有任何的安全威脅，但是系統也無法連入外界網路獲取需要的資訊。

為了實現系統安全，就需要進行認證、加密、監聽等一系列工作，由此會對系統效率產生一定影響，還會產生額外的開銷，影響系統靈活性。但是系統的安全危險是實際存在的，因此必須構建完整的安全體系。

完整的安全體系主要包括以下幾個。

① 訪問控制　透過對特定的網段和服務建立訪問控制體系，防患於未然，把安全隱患擋在門外。

② 系統檢查　定期對系統進行安全檢查，彌補安全漏洞，防止不法分子利用漏洞進行攻擊。

③ 系統監控　對特定網段和服務建立攻擊監控體系，如果監測到攻擊行為，便透過斷開網路等行為進行防護，並對其進行記錄、追蹤。

④ 系統加密　對系統構建完善的加密體系，並對密鑰進行定期更改，防止攻擊者破解並侵入。

⑤ 用戶認證　構建完善可靠的用戶認證體系，防止攻擊者假冒合法用戶。

⑥ 備份與恢復　構建良好的備份與恢復機制，在攻擊造成損失之後，能夠盡快恢復資料和系統服務。

(3) 資料安全

在大數據環境下，為了保護資料資訊，智慧製造管理應該有以下特性。

① 保密性　資料資訊不能泄露給非授權用戶、實體或過程，不能被其利用。

② 完整性　資料資訊在儲存或傳輸過程中需要保持不變，不能被破壞與丟失，也就是在非授權情況下不能更改資料資訊。

③ 可用性　可以被授權用戶或實體訪問與使用。在網路環境下拒絕網路或系統對於授權用戶進行阻礙或者攻擊。

④ 可控性　對於網路上資料資訊的內容及傳播過程具有控制能力。

⑤ 可審查性　如果出現安全問題能夠及時提供依據並進行責任追究。

從網路運行和管理者角度看，本地網路資料的訪問和讀取等操作需要進行保護和控制，避免不法分子利用病毒等手段非法占用或者控制資料資訊。因此企業需要對資料進行嚴密的監管，以免造成不必要的損失。

參考文獻

[1] 王建民. 工業大數據技術. 電信網技術, 2016, (8): 1-5.

[2] 何友. 工業大數據及其應用[技術報告], 2018.

[3] J. Yan, Y. Meng, L. Lu, et al. Industrial Big Data in an Industry 4. 0 Environment: Challenges, Schemes, and Applications for Predictive Maintenance. IEEE Access, 2017, 5: 23484-23491.

[4] 鄭樹泉, 覃海煥, 王倩. 工業大數據技術與架構. Big Data Research, 2017, 2 (4): 67.

[5] 謝濤, 劉耕源. 工業能源環境大數據: 發展歷史與關鍵技術. 北京: 2016 全國環境資訊技術與應用交流大會, 2016.

[6] 高韻, 李成. 工業大數據助力兩化融合: 挑戰、機遇與未來. 現代工業經濟和資訊化, 2018, 6 (1): 42.

[7] 謝青松. 面向工業大數據的資料採集系統[D]. 武漢: 華中科技大學, 2016.

[8] 段莉. 資料採集技術分析. 互聯網天地, 2016, 5 (12): 86.

[9] 李明皓, 劉曉偉, 于楊, 等. 大數據物聯網資訊互動與資料感知. 機械設計與製造, 2017, 6 (11): 263.

[10] 向世靜. 大數據關鍵技術及發展. 軟體導刊, 2016, 2 (10): 23.

[11] 王敏. 製造業大數據分布式儲存管理[D]. 武漢: 武漢大學, 2017.

[12] 張鵬遠. 大數據分類儲存及檢索方法研究

[D]. 西安：西安電子科技大學，2014.

［13］ 楊俊傑，廖卓凡，馮超超. 大數據儲存架構和算法研究綜述. 電腦應用，2016，4（9）：2465.

［14］ 郝行軍. 物聯網大數據儲存與管理技術研究[D]. 合肥：中國科學技術大學，2017.

［15］ 章超. 千億級智慧交通大數據儲存與檢索系統的研究[D]. 杭州：杭州電子科技大學，2017.

［16］ 程豪. 基於 Hadoop 的交通大數據計算應用研究[D]. 西安：長安大學，2014.

［17］ 張濱. 基於 MapReduce 大數據並行處理的若干關鍵技術研究[D]. 上海：東華大學，2017.

［18］ 查禮. 基於 Hadoop 的大數據計算技術. 科研資訊化技術與應用，2012，2（6）：26.

［19］ 顧榮. 大數據處理技術與系統研究[D]. 南京：南京大學，2016.

［20］ 鄭緯民. 從系統角度審視大數據計算. FOCUS聚焦，2015，2（1）：17.

［21］ 趙晟，姜進磊. 典型大數據計算框架分析. 中興通訊技術，2016，1（2）：14.

［22］ 梁楠，李磊明. 大數據技術在工業領域的應用綜述. 電子世界，2016. 5（17）：8.

［23］ 周國亮，朱永利，王桂蘭，等. 即時大數據處理技術在狀態監測領域中的應用. 電工技術學報，2014，3（S1）：432.

［24］ 蔡錦勝. 基於雲端運算的大數據分析技術及應用. 電腦編程技巧與維護，2017，5

（12）：53.

［25］ 邵心玥. 淺談大數據時代的資料分析與探勘. 數位通訊世界，2017，5（7）：103.

［26］ 鄧仲華，劉偉偉，陸穎雋. 基於雲端運算的大數據探勘內涵及解決方案研究. 情報理論與實踐，2015，4（7）：103.

［27］ 袁紅，朱睿琪. 用戶資訊搜尋行為大數據分析框架及其關鍵技術. 圖書館學研究，2016，5（24）：39.

［28］ 許寧. 基於大數據的資料探勘技術在工業資訊化中的應用探究. 現代工業經濟和資訊化，2017，6（22）：50.

［29］ 李敏波，王海鵬，陳松奎，等. 工業大數據分析技術與輪胎銷售資料預測. 電腦工程與應用，2017，3（11）：100.

［30］ 章紅波. 工業大數據探勘分析及應用前景研究. 科技創新與應用，2016，1（24）：90.

［31］ 陳明. 大數據視覺化分析. 電腦教育，2015，6（5）：94.

［32］ DAMA International. DAMA 資料管理知識體系指南. 馬歡，劉晨，等譯. 北京：清華大學出版社，2012.

［33］ 王建民. 智慧製造基礎之工業大數據. 機器人產業，2015（3）：46-51.

［34］ 大數據系列報告之一：工業大數據白皮書. 中國電子標準化研究院，全國資訊技術標準化技術委員會大數據標準工作組，2017.

第6章

智慧製造中的
手機製造

製造業是實體經濟的支柱，也是一個國家經濟成長的基礎。目前全球製造業正在重塑，並再次成為全球經濟競爭的制高點。各製造大國紛紛啟動再工業化策略，加速傳統產業升級，重點發展人工智慧和數位製造等領域，大力發展智慧製造。

經過幾十年的發展，中國製造業擁有著獨立完整的工業體系，形成了工業化和資訊化兩化融合的智慧化製造理念。打造中國製造新優勢，實現由製造大國向製造強國的轉變，對中國新時期的經濟發展最為重要，也最為迫切。

智慧製造貫穿於生產、製造、服務等各個方面，與傳統的生產方式完全不同。因此，它帶來的生產方式轉變熱潮也將帶來就業形勢和員工結構的轉變，將會產生一大批新的就業職位。麥肯錫預測：「在自動化發展迅速的情況下，到 2030 年，全球 8 億人口的工作職位將被機器取代，同時新的就業職位將被創造出來。」隨著智慧製造業的發展，製造業不斷產業升級，對員工及其技能的需求隨之改變，就業形勢也將發生重大變化。因此人們需要學習新技能，以適應新的就業形勢，避免被飛速發展的時代所淘汰。全球智慧製造是不可避免的趨勢，未來所有行業都將被捲入，有的行業將脫穎而出，而那些無法跟上變化的舊行業將被無情地淘汰在歷史的浪潮中。

6.1 　智慧製造主要內容

智慧製造在產品全生命週期過程中，以 CPS 為基礎，在新一代自動化技術、感測技術、智慧技術、網路技術的基礎上，透過智慧手段達到智慧化感知、互動、執行，實現製造裝備和製造過程智慧化。智慧製造可以分為智慧工廠、智慧裝備、互聯互通和端到端資料流四個主要內容。

6.1.1 　智慧工廠

工廠智慧化不僅限於將生產過程監控、品質線上監控、物料自動配送等生產過程智慧化，它還涵蓋了企業的整體設計、人事系統、財務系統、銷售系統、調度系統等方面的智慧化。利用 CPS 將現實中的設備與虛擬空間相連，使各設備間能進行通訊、協同作業，使生產模式由傳統的集中式往分布式轉變，每個設備都具有自己的「思想」，可以進行通訊

與決策。智慧工廠主要有以下特點。

　　a. 系統可以透過感知技術收集、了解和分析各種資訊來自動規劃系統的運行。

　　b. 結合訊號處理、仿真以及各種多媒體技術，可以實現製造視覺化，能夠更加直觀地將整個設計與製造過程顯示出來。

　　c. 系統可以根據各組所承擔的工作任務自動調整系統結構，以達到最佳執行效果。

　　d. 系統具有自主計算學習能力，可以不斷補充和更新資料庫中的資料以提高系統性能，同時可以自動診斷和修復故障，具有很強的穩定性。

　　e. 人與系統各有所長，可以相輔相成，取得一加一明顯大於二的效果。

6.1.2　智慧裝備

　　要實現智慧製造，工具軟體和智慧製造設備必不可少。主要分為以下幾種類型。

　　① 電腦輔助工具　如電腦輔助設計（CAD）、電腦輔助工程（CAE）、電腦輔助工藝設計（CAPP）、電腦輔助製造（CAM）、電腦輔助測試（CAT）等。

　　② 電腦仿真工具　如物流仿真、工程物理仿真、工藝仿真等。

　　③ 生產管理系統　如企業資源計劃（ERP）、製造執行系統（MES）、產品全生命週期管理（PLM）及產品資料管理（PDM）等。

　　④ 智慧設備　如3D列印機、智慧感測與控制裝備、智慧檢測與裝配裝備、智慧物流與倉儲裝備等。

6.1.3　互聯互通

　　要實現智慧工廠生產資源動態配置，首先要實現各個生產線、車間、部門之間的互動，並且要求它們能夠在接收各方資訊之後在本地進行資訊的處理分析和優化，最後進行決策。因此作為構建物聯網基礎的CPS是我們的首要研究點。

　　CPS的作用是使網路互聯和互通，其本質上是資訊傳輸、分析和使用的實現。它可以使不同物理層分布的不同類型的系統和設備透過網路進行連接，從而進行資訊的共享，對所傳輸資訊進行一致的接收、解析並進行進一步的分析，以獲取所需的生產相關資訊。

6.1.4　端到端資料流

智慧製造的目的之一是透過設備的集成以及網路的互通互聯，打破以往業務流程與過程控制流程互不互動、無法獲取其他設備的資訊、產生無數資訊孤島、生產效率低下的僵局。透過製造智慧化，底層的生產資料可以傳輸到上層網路，從而實現對生產現場的即時監控，對生產調度以及資源配置進行即時的調整。其中端到端的資料流包括控制設備與監視設備之間的資料流、現場設備與控制設備之間的資料流、監視設備和 MES/ERP 系統之間的資料流、MES/ERP 系統之間的資料流等。

6.2　手機製造智慧化趨勢

在手機製造業中引入智慧製造，有著非常廣闊的應用前景，主要需考慮以下三個方面。

（1）提升產品收益

在目前的手機製造過程中，依靠手工作業的工序還有很多，其中部分環節操作比較複雜，自動化程度低，人工成本占製造成本的比例很高。隨著勞動力成本的不斷升高，產品製造成本也隨之飆升。

手機製造的過程相對複雜，全面實現自動化的難度十分大，智慧製造改造進程緩慢。為了加速改造進程，企業應專注於資訊化、智慧化的裝備，以減少企業勞動力成本、硬體成本，提升綜合稅後淨利率。

（2）提升產品品質

由於手機中的零件多種多樣，對生產製造有著非常高的精度要求。在傳統的依靠手工製造的手機製造過程中，工人很難始終將產品品質、精度維持在一個固定的水準上，導致產品的品質浮動較大，容易出現瑕疵產品。同時，傳統的製造方式對員工的技術、素養、熟練度等都有著極高的依賴性，不同的員工製造出的產品往往在品質上有著一定的差別，因此熟練工非常重要。

若引入智慧製造生產系統，將能夠排除人為因素的干擾，使得產品品質能夠穩定下來，將誤差控制在可接受的範圍內。

（3）緊跟市場變化，適應市場需求

企業要想在眾多競爭者中脫穎而出，必須不斷地根據持續變化的市

場需求推出新的產品，能夠快速滿足不同消費者的不同需求。但是由於手機製造過程比較複雜，工人技術培訓、提高需要極高的學習成本及時間成本，導致企業往往無法及時響應市場需求，推出具備競爭力的新產品。

如果企業引入了智慧製造系統，提高生產線的智慧化程度，那麼在提出新的設計、生產方案時，生產線能很快地根據方案進行調整，能夠將手機從設計、研發到實際生產出來的時間壓縮到幾個月內，從而滿足消費者不斷變化的需求，讓企業緊跟市場變化。

6.3　智慧製造與手機測試

從主板製作到最終組裝成一部手機的過程中，需要經過許多道複雜的工序，將上千種電子元器件組裝起來。所以在手機面市前都會經過一系列測試過程，測試技術承擔的是查漏補缺的責任，是手機正式上市前的最後一次把關。手機的測試內容一般包括元器件檢測、板測、校準、綜合測試、功能測試和一致性測試等。

手機測試的第一步是對各元器件進行檢測，檢測元器件合格才能進行下一步測試。隨著電子元器件的精細化、複雜化，對手機製造業的出廠檢測技術提出了更高要求。某個元件的一個小瑕疵、小問題，就有可能給整個產品帶來致命性傷害，給消費者及廠商帶來極大損失。因此測試測量技術的發展是減少產品瑕疵、保證良品率的強力支撐。

常見的印製電路板裝配板（PCBA）的測試技術包括手工視覺檢查（Manual Visual Inspection，MVI）、自動光學測試（Automated Optical Inspection，AOI）等。根據資料分析，對於 PCB 的檢測，一臺線上 AOI 設備至少可以代替 4～5 人的工作量，且狀態穩定，工作時間長，不僅可以極大地節約人工成本，還能夠大幅度提升檢測效率。可以預見，在手機製造業轉型升級的未來，傳統的依靠人工對手機產品進行檢測的方法必將被淘汰，使用精度高、糾錯率高、成本低、可適應大規模生產的 AOI 自動檢測設備是手機製造業的必然趨勢。

校準測試主要包括發射機和接收機的射頻指標校準。發射機校準包括自動功率控制（APC）校準、自動頻率控制（AFC）、頻率補償校準、溫度補償校準等。接收機校準包括自動增益控制（AGC）、校準、接收功率校準等。APC 透過對終端發射功率的測試，與期望值比對，從而透過調整控制訊號實現功率的校準。AFC 設置手機發射特定的訊號頻率，透

過測試頻率與期望頻率的偏差，調整手機的發射頻率。手機接收到的訊號動態範圍較大，AGC 的作用是保持採樣訊號的幅度維持在一定範圍內，提高解調精度。此外溫度的補償、接收功率的校準都需要進行。

與校準測試關注板級的頻率、功率和增益等基本訊號級指標不同，手機綜合測試是對整機的通訊性能進行全面的測試。不但包括頻率、功率和增益類的測試，還包括調制訊號品質、相位和射頻性能等測試內容。因此，手機綜合測試是手機測試眾多環節中與通訊性能最為密切的測試，也是展現終端製造能力的核心環節之一。

對手機進行功能測試的目的是檢查手機功能是否正常，例如振鈴、振動、鍵盤輸入、音訊環路、訊號指示燈、顯示器等的測試。對手機進行功能測試通常使用的儀器包括以下幾種。

a. 使用可編程式恆溫恆溼箱對手機進行高低溫測試以及高溼度測試。測試時將手機放置在不同的溫度中，檢測是否會發生故障，以及手機能否抵抗人體出汗的情況。

b. 使用靜電放電發生器對手機進行靜電測試。

c. 使用鹽霧試驗箱測試手機抗人體汗液腐蝕的能力。

d. 使用落球衝擊試驗機對手機進行抗衝擊能力測試。

e. 使用紙帶耐磨試驗機對手機進行耐磨性測試。

f. 使用按鍵壽命測試機對手機進行按鍵壽命測試，檢測手機按鍵在大約三年使用時間內的可靠性。

g. 使用手機跌落測試機對手機進行抗摔性測試，檢測手機從一定高度跌落時是否會受到損傷。

透過以上各種測試，可以對手機從板級到整機進行全方位檢測。但是，通訊網路的升級是演進的，而非革命性策略。雖然當前 4G 網路已經穩定商用，但是 2/3G 網路仍然在運行，支持七種通訊模式（包括 TD-LTE Advanced、LTE FDD Advanced、TD-LTE、LTE FDD、WCDMA、TD-SCDMA、GSM 通訊模式）甚至更多通訊模式（如含 IS-95、CDMA2000 功能）的手機也是市場的主流。伴隨著 5G 技術的演進，未來手機所需要支持的通訊功能會越來越複雜，除了在工廠中進行生產測試外，手機晶片到整機研發不但需要針對通訊功能進行測試，也需要針對生產製造的需求進行測試功能設計，從而使製造更智慧、更高效。另外，一款手機在網路中運行，需要保證終端通訊指標、通訊行為與標準規定的一致性，這類通訊功能的測試稱為一致性測試。一致性測試除了需要進行射頻測試外，還需要包含無線資源管理測試及協議測試等功能，這一部分內容將在下一節詳述。

6.4 通訊測試原理

通訊測試全稱資訊通訊測試，主要指伴隨資訊通訊技術發展而興起並日趨重要的一類細分技術領域。資訊通訊測試能夠為新技術和新標準的創新提供關鍵環境，並支撐資訊通訊產業的全過程。

通訊測試在國外得到了極大重視，並對相關地區的創新起著支撐作用。美、歐、日等自 1950 年代開始對測試技術的研究工作，迅速形成了標準化、系列化、自動化的框架，發展出多種測試體系和方法論，並產生了多個優秀的測試企業，伴隨著中國資訊通訊技術的高速發展，中國也擁有了一批以星河亮點為代表的非常有競爭力的測試儀器儀表公司，在中國主導的時分雙工（Time Division Duplexing，TDD）3G 及 4G 技術發展過程中產生了關鍵作用。

資訊通訊測試是電子測試測量領域的一個子項。純電子測量，指的是訊號級別的測試，關注的指標包括功率、頻譜等。通訊測試需要基於協議功能，門檻高、難度大，而市場占有率相對較小，但對通訊技術的發展起著關鍵支撐作用。

電子測量儀器儀表分類如圖 6-1 所示。

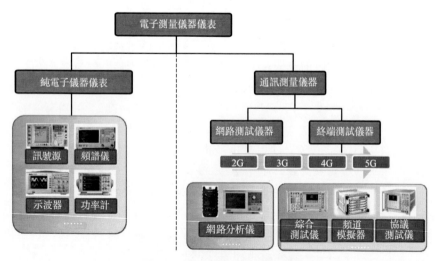

圖 6-1　電子測量儀器儀表分類

通訊測試一般指透過對通訊節點及通訊環境進行模擬的手段，構建測試驗證所需的通訊場景，然後在該場景下對被測對象進行測試驗證，並分析測試結果，從而判定被測對象在真實環境中的指標、行為符合/不符合相關規範的要求。

通訊測試分類如圖 6-2 所示。在智慧製造領域中，一般涉及其中的功能測試和性能測試。功能測試主要指對被測對象的功能、特性進行測試，一般以目標通訊體制作為參考依據，測試被測對象的功能實現是否符合要求，相關消息的流程和參數是否嚴格按照標準進行，側重於協議互動測試，例如協議一致性測試等。性能測試主要包含對性能類指標的測試，即測試結果可以透過數值或百分比進行評估，一般涉及各種物理量。

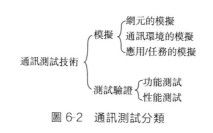

圖 6-2　通訊測試分類

6.4.1　射頻測試

射頻測試是無線通訊系統測試中的一個重要方向，透過對各種外部指標的測試來驗證被測設備的射頻器件和相關算法性能是否達到設計的要求。手機生產線上的射頻測試以對發射機、接收機的射頻指標進行測試為主。研發階段的射頻測試除了通訊頻帶內的射頻指標外，還能夠測試帶外以及需要外部干擾源的測試項目，還可以進行性能的測試。

通常無線通訊標準機構在發布通訊技術要求標準的同時，也發布測試標準。如第三代合作伙伴計劃（3rd Generation Partnership Project，3GPP）發布的 LTE 測試協議 3GPP TS36.521-1[3]。對一個品質合格的終端晶片來說，需要在產生符合標準的有用訊號的同時，控制雜散發射訊號的功率水準；另外，還要在高效解調有用訊號的同時，能夠抵抗一定程度的干擾。

無線通訊系統射頻測試可以劃分為三大類六小類測試方案，能夠全面覆蓋被測設備射頻發射機和接收機性能，表 6-1 列舉了典型射頻測試

例與測試目的。

表 6-1　射頻測試分類

分類		測試例	測試目的
發射機 特性測試	功率類	最大發射功率	過小的最大功率影響覆蓋
		最小發射功率	過大的最小功率增加系統的總體干擾水準
		發射機關功率	發射機關閉時的輻射功率,影響系統的總體干擾水準
		功率開關時間模板	TDD 系統需將功率發射限制在一定的時間內,避免對相鄰時間段內發射/接收的其他用戶的干擾
		功率控制	不準確的功率發射將影響服務品質,提升系統總體干擾水準
	調制類	誤差矢量幅度	發射訊號的調制精確度
		頻率誤差	鎖定載波參考頻率的精確度
		相位誤差	鎖定載波參考相位的精確度
		直流偏移	限制直流分量
	頻譜類	頻寬占用	發射訊號的 99% 能量頻寬不超過系統分配的頻寬
		鄰道功率泄漏比	限制發射訊號頻譜落到相鄰頻帶的功率
接收機 特性測試	無干擾 接收	參考靈敏度電平	檢驗接收機在覆蓋邊緣接收解調小功率訊號能力
		最大輸入電平	檢驗接收機在覆蓋中心接收解調大功率訊號的能力
性能 測試	解調性能	特定頻道/訊號解調	驗證接收特定訊號的能力,一般透過吞吐量驗證
	頻道狀態 資訊上報	特定傳播環境頻道資訊上報	驗證檢測無線傳播環境變化的能力

以下就最常用的一些射頻測試內容進行分析。

6.4.1.1 發射機指標

（1）功率類

發射機的指標主要是功率項。以 LTE 射頻測試為例,包括輸出功率

動態範圍（如輸出最大功率、發射關斷功率、開關時間模板）、輸出頻譜（如占用頻寬、鄰道泄漏功率比）、發射訊號品質（如頻率誤差、誤差矢量幅度、相位誤差）等。對於輸出最大功率，其值過大會對系統內其他頻道產生干擾，其值過小會導致覆蓋範圍減小。發射關斷功率為發射機傳輸關斷時發射訊號的平均功率。具體地，在不允許傳輸或者不在傳輸時期即為傳輸關斷。開關時間模板是指傳輸訊號從開到關或從關到開的時間跨度滿足要求，確保對其他頻道造成的干擾限定在一定範圍內。占用頻寬和鄰道泄漏功率比可以保證有用的頻譜發射嚴格符合標準要求。頻率誤差、誤差矢量幅度和相位誤差用來衡量調制品質，其中大部分測量項基於功率分布得出。

功率分析透過研究發射訊號在頻域的功率分布，分析發射訊號的頻譜，可以得到訊號的占用頻寬、最大功率、最大功率降低、占用頻寬、頻率誤差、鄰道泄漏比等有用資訊。透過跟標準值進行比對，判斷當前發射訊號在頻譜上是否符合要求。

平穩隨機訊號的自相關函數和功率譜密度是一對離散時間傅立葉變換對，因此透過求出平穩隨機訊號的自相關函數估計，再利用式(6-1)可得功率譜估計，即

$$\hat{P}_x(\omega) = DTFT\{\hat{R}_x[n]\} \tag{6-1}$$

式(6-1)稱為相關法功率譜估計，或間接法功率譜估計[1]。

由於平穩隨機訊號 $x[k]$ 的自相關函數可以透過其 N 個觀測值 $x_N[k]$ 與 $x_N[-k]$ 的捲積和計算，式(6-1)可以寫成

$$\hat{P}_x(\omega) = DTFT\{\hat{R}_x[n]\} = \frac{1}{N}X_N^*(e^{j\omega})X_N(e^{j\omega}) = \frac{1}{N}|X_N(e^{j\omega})|^2 \tag{6-2}$$

式(6-2)稱為週期圖法功率譜估計或直接法功率譜估計，即可以透過 $x_N[k]$ 的頻譜得到功率譜估計。由功率譜即可得出其他射頻指標的資訊，因此只需按照測試協議的規定處理即可。

（2）占用頻寬

訊號占用頻寬即一個限定頻率通帶，通常占用頻寬平均功率占整個發射訊號平均功率的一定百分比 α（如3GPP規定的是 $\alpha=99\%$[2]）。如圖6-3所示，根據測得的功率譜，可以求得發射訊號占用頻寬，從而驗證發射訊號頻寬在頻道頻寬之內。

具體測量步驟如下。

a. 根據式(6-1)或式(6-2)得到頻率和功率的對應資訊。

b. 從最高頻率開始，往頻率減小的方向求功率和，一直到功率和為整個發射頻寬的總功率和的 $(1-\alpha)/2$，得到上限頻率 f_M。

c. 從最低頻率開始，往頻率增加的方向求功率和，同樣達到總功率的 $(1-\alpha)/2$，得到下限頻率 f_L。

d. $f_\mathrm{M}-f_\mathrm{L}$ 即為測得的發射訊號占用頻寬。

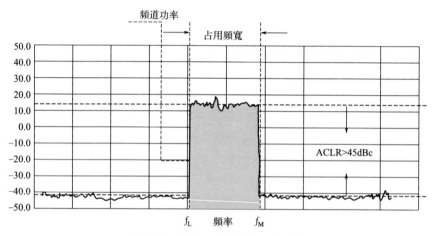

圖 6-3　占用頻寬及鄰頻道泄漏比

（3）鄰頻道泄漏功率比

如圖 6-3 所示，鄰頻道泄漏比（Adjacent Channel Leakage Ratio，ACLR）是主頻道的發射功率與測得的相鄰 RF 頻道功率之比，通常用 dB 為單位，即發射機產生符合標準的有用訊號和帶外雜散的無用訊號功率之比[3]，反映了系統內不同通訊單元的干擾程度。根據測試協議的定義測量計算即可得出。

6.4.1.2　調制品質

（1）誤差矢量幅度

誤差矢量幅度（Error Vector Magnitude，EVM）是指在給定時間上理想的訊號（參考訊號，R）和待測訊號（Z）的矢量誤差，其結果一般由誤差矢量（E）的平均功率與參考訊號（R）的平均功率之比的平方根給出，以百分比的結果顯示。EVM 避免用多個參數來表述發射訊號，是一個很有價值的訊號品質的指示器。在計算誤差矢量幅度（EVM）之前，被測波形需要經過採樣時間偏移和頻偏的校正，即進行時域同步和頻偏估計的過程，之後還需要移除載波泄漏，最後對被測波形進一步修

正，選擇其絕對相位和絕對幅度。

$$EVM = \frac{\sqrt{|E|}}{\sqrt{|R|}} = \frac{\sqrt{|Z-R|}}{\sqrt{|R|}} \times 100\% \qquad (6\text{-}3)$$

這裡的參考訊號對應於標準的星座圖訊號，待測訊號是發射機發送訊號星座圖。圖 6-4 是誤差矢量與參考訊號、測量訊號關係示意圖。

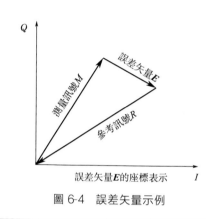

圖 6-4　誤差矢量示例

（2）相位誤差

對於採用正交調制的系統來說，由於非理想的發射機，I 路和 Q 路的載波可能存在幅度偏移以及相位誤差的問題，其發射接收模型如圖 6-5 所示[4]。假設相位偏移值為 ϕ，那麼用來傳輸 x_i 的載波為 $\cos(2\pi f_c t + \phi/2)$，用來傳輸 x_q 的載波為 $\sin(2\pi f_c t - \phi/2)$。同時，實際中 I 路和 Q 路載波的幅度也有偏差，設 I 路載波幅值增益為 $1+\alpha/2$，Q 路載波幅值增益為 $1-\alpha/2$，那麼用來傳輸 x_i 的載波為 $(1+\alpha/2)\cos(2\pi f_c t)$，用來傳輸 x_q 的載波為 $-(1-\alpha/2)\sin(2\pi f_c t)$。則在頻域上，接收訊號和發送訊號的關係為

$$Y = \mu X + \nu X_{-1}^{*} \qquad (6\text{-}4)$$

式中，X 為在頻域上的發射訊號；X_{-1}^{*} 是 X 取共軛對稱；Y 為接收訊號；μ、ν 是和 ϕ、α 有關的未知量。發送端已知訊號和接收端訊號，利用式(6-4) 即可求出發射機非理想的參數偏差。

（3）頻率誤差

頻率誤差可以驗證終端接收機和發射機正確處理頻率的能力。由於接收端行動等因素產生的都卜勒效應，以及發射機、接收機之間的

晶振頻率不能絕對相等，導致接收端訊號和發送端訊號之間產生了一個大小為 f_{off} 的頻率誤差。頻率誤差對系統的影響較大，對採用正交頻分複用技術的 LTE 制式影響尤為嚴重，會導致接收端不能準確解調有用資訊。

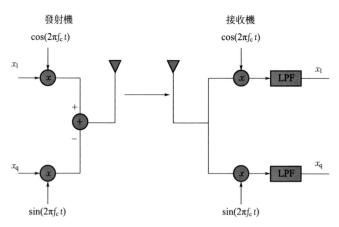

發射機　　　　　　　　　接收機

圖 6-5　IQ 調制模型

忽略噪音因素並假設訊號經過平坦衰落頻道，根據文獻 [5] 可知，透過式(6-5) 可以得到歸一化頻偏的估計值 $\hat{\varepsilon}$，其中 * 表示複共軛運算。r_n 為發送訊號的第 n 個抽樣點。

$$\hat{\varepsilon} = 1/2\pi * \arg(r_n^* r_{n+N}) \tag{6-5}$$

由於實際接收端訊號受到噪音和頻道的頻率選擇性衰落等影響，這只是一個估計值。可以透過對 N_g 個估計值取平均得到更為精確的估計。LTE 系統中頻率誤差測試的步驟如圖 6-6 所示。

時間同步
確定CP位置

利用式(6-5)
計算頻率偏移估計值

圖 6-6　LTE 系統中頻率誤差測試步驟

6.4.1.3　**性能測試**

　　LTE 性能測試包括解調性能和頻道狀態資訊上報兩項。解調性能指在特定頻道下進行訊號解調，從而驗證接收預定訊號的能力，一般透過吞吐量測試驗證。通常包括以下幾類 LTE 物理頻道：物理下行控制頻道、物理控制格式指示頻道、物理下行共享頻道、物理廣播頻道、物理混合自動重傳指示頻道。頻道狀態資訊上報在特定傳播環境進行頻道資訊上報，從而驗證檢測無線傳播環境變化的能力。

　　（1）解調性能

　　解調性能測試考察一個或多個天線接收器解調性能。衡量方式是在一定吞吐量下的信噪比（Signal-to-Noise Ratio，SNR 或 S/N）。對於所有的測試示例，SNR 的定義為[3]：

$$\mathrm{SNR} = \frac{\displaystyle\sum_{j=1}^{N_{RX}} \hat{E}_s^{(j)}}{\displaystyle\sum_{j=1}^{N_{RX}} N_{oc}^{(j)}} \tag{6-6}$$

式中，N_{RX} 表示接收器天線連接器數量；j 代表天線通訊埠；$\hat{E}_s^{(j)}$ 表示第 j 個天線有效訊號功率；$N_{oc}^{(j)}$ 表示第 j 個天線噪音功率。SNR 的定義不考慮預編碼的增益。圖 6-7[6] 顯示了可用於執行 2 接收天線性能測試的天線連接示例。

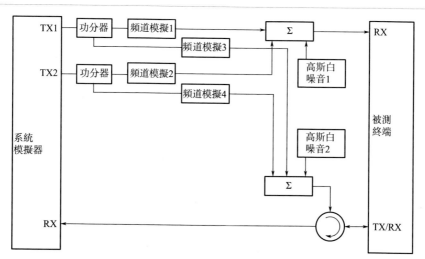

圖 6-7　用於 2RX 測試的天線連接示例，天線配置為 2×2

（2）頻道狀態資訊上報

頻道狀態資訊上報是終端與基站建立連接之後進行的測量操作，是由終端回饋給基站側的頻道資訊。頻道狀態資訊上報主要考察終端的多輸入多輸出回饋性能，含如下幾類測試項目。

a. 加性高斯白噪音環境下的頻道品質指示（CQI）上報。

b. 衰落環境下的 CQI 上報。

c. 預編碼矩陣指示上報。

d. 秩指示上報。

6.4.2　無線資源管理測試

無線資源管理（Radio Resource Management，RRM）是指在有限頻寬下，透過靈活分配和動態調整無線傳輸和網路的可用資源，保證網路內無線終端業務品質，最大限度地提高頻譜的利用效率。

RRM 一致性測試在通訊測試領域占有重要地位。相比射頻指標測試，RRM 一致性測試存在著更大的挑戰。RRM 一致性測試系統通常被認為是通訊測試領域技術難度最高的設備，只有國際頂尖的儀表公司才能設計和製造。其難度主要在於以下兩點。

（1）網路結構複雜，模擬難度大

對 RRM 能力的評估，需要模擬真實的網路環境。由於行動通訊網路是一個逐步演進的網路，目前中國實際營運的行動通訊網路中有第二代、第三代和第四代，三代技術共存，至少 7 種制式同時存在；而且由於行動通訊網路採用的是蜂窩系統，同一個區域必然會有多個小區訊號的影響，因此網路環境非常複雜。

每種制式對無線資源的管理和分配的原理都有很大不同，因此 RRM 測試必須能夠模擬多制式、多小區環境，以及模擬多制式、多小區之間的合作關係，也就是實現對異構網路的模擬。

（2）無線傳播環境複雜，場景模擬難度大

RRM 測試不同於其他一致性測試，是動態的、對行為的測試，即需要模擬無線頻道的動態變化和由於用戶行動引起的各種行為操作。終端打電話斷線、搜不到網、發熱等影響用戶體驗的現象，大多是因為終端不能及時追蹤無線資源的變化，不能作出相應調整。

RRM 一致性測試的主要測試項如表 6-2 所示，透過對相關制式下小區重選、切換、重建立、重定向性能、隨機接入性能、傳輸時間精度、

時間提前量精度、無線鏈路監控能力、測量上報過程、測量精度等的測試，驗證與標準規定值的差異在一定範圍內。

表 6-2　RRM 測試分類

分　類	測試內容
空閒狀態行動性	小區選擇
	小區重選
連接狀態行動性	異系統小區重選
	系統內切換
	系統間切換
	非 3GPP 系統間切換
RRC 連接行動控制	隨機接入
	RRC 重建
定時和信令特性	UE 發送定時
	UE 定時提前
	無線鏈路監測
UE 測量過程	事件觸發測量報告
測量性能	參考訊號接收功率
	參考訊號接收品質

6.4.2.1 重選

小區重選（cell reselection）是指終端在空閒模式下，對比周圍所有可搜尋的小區訊號品質，選擇其中訊號品質最好的小區接入的過程。該過程允許終端選擇合適的小區以便訪問可用的服務。在這個過程中，終端可以使用儲存的資訊（儲存的資訊小區選擇）或不使用（初始小區選擇）。

重選的目的是使終端能夠連接到「最好的」小區。在滿足相關網路配置參數時，終端利用周圍小區的測量結果，重選到合適的小區。

終端首先評估基於優先級的所有 RAT（無線接入技術）頻率，然後基於無線鏈路品質比較所有相關頻率上的小區。最後在確定重選小區之前，還需驗證該小區的可接入性。重選步驟如圖 6-8 所示。根據 3GPP 標準 TS 36.521-3[7]，同頻內小區重選測試項包括 FDD（頻分雙工）-FDD、FDD-TDD、TDD-FDD 和 TDD-TDD 四種不同重選方式。

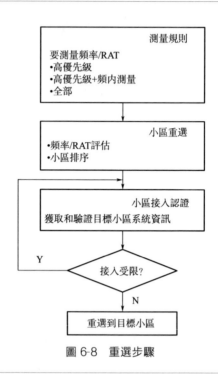

圖 6-8　重選步驟

　　小區重選測試流程以 FDD-FDD 模式下 LTE 同頻之間小區重選為例。測試目的是為了確保終端設備能夠搜尋和測量出性能較好小區，保證終端能夠時刻保持最佳的網路服務。小區重選性能測試主要以重選延時時間長短來衡量。時延越短代表終端的小區重選性能越好。

　　測試步驟如下[6]。

　　a. 終端設置於 2A 狀態，並明確測試小區（cell 1）的物理識別碼。

　　b. 設置好基站模擬器中的參數。

　　c. 設置被重選小區（cell 2）的物理識別碼，cell 2 物理識別碼＝(cell 2＋1)mod14＋2，以這個為循環重選小區。

　　d. 基站模擬器改變發射功率，等待終端發送的小區重選資訊。

　　e. 若終端設備接收到基站所發送的小區重選資訊 cell 2 的物理識別碼，則開始進行小區重選。此時基站會提醒終端設備開關機。根據測試時延所需時間，判斷測試是否通過。

　　f. 假如終端沒有在一定時間範圍內接收到基站的返回資訊，就將終端設備重啓，再繼續重新執行步驟 a～e。

g. 若步驟 f 成功，則透過基站模擬器改變發射功率，使終端重選至原小區。

h. 若終端依然未能接收到基站的返回資訊，那麼該測試樣本失敗，再進行下一個測試。如果測試所有事件都通過，則直接進行下一個判斷。

i. 根據統計學，若 95％ 以上的測試樣本通過測試，則此測試通過，否則此測試不通過。

其中，如果所選小區是以前從未選擇過的小區，即為未知小區，重選至未知目標小區時延表示為

$$T = T_{\text{detect,E-UTRAN\_Intra}} + T_{\text{SI-EUTRA}}$$

其中 $T_{\text{detect,E-UTRAN\_Intra}} = 32\text{s}$。

$T_{\text{SI-EUTRA}} = 1280\text{ms}$ 表示終端設備接收重選小區系統消息塊所需時間[8]。因此重選新小區時間大約為 33.28s，測試允許為 34s。

若所重選的小區在以前小區重選中有選擇過，即為已知小區，重選時延定義為重選回原小區的時延，則 $T_{\text{evaluate,E-UTRAN\_Intra}} = 6.40\text{s}$，$T_{\text{SI-EUTRA}} = 1280\text{ms}$。重選小區時延為 $T = 7.68\text{s}$，測試允許為 8s。

小區重選測試流程如圖 6-9 所示。

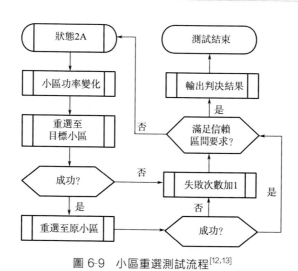

圖 6-9 小區重選測試流程[12,13]

6.4.2.2 切換

在蜂窩系統中，切換是指將正在進行的呼叫或資料會話從連接到核心網路的一個頻道轉移到另一個頻道的過程。當終端離開一個小區覆蓋

的區域並進入另一個小區覆蓋的區域時，為了保證行動用戶通訊的連續
性，將尋找最合適的網路為終端繼續提供服務，實現無線網路無縫覆蓋。
當終端使用的頻道受到不同小區使用中相同頻道的另一終端的干擾時，
該呼叫將有可能切換到同一小區中的不同頻道或另一小區中的不同頻道
以避免干擾。為了減少由於「近-遠」效應而對較小的相鄰小區的干擾，
即使在終端仍然具有與其當前小區良好連接時，也可以引起切換。

　　切換性能的好壞不僅影響著網路通訊的性能，而且決定手機是否需
要頻繁搜尋網路訊號，影響著手機的連接效率、功耗和續航。為了保證
通訊的連續性和正確性，需要對網路的切換進行測試。

　　網路的切換技術分類如圖 6-10 所示，切換可劃分為子網間切換和子
網內切換。若切換前後行動節點所屬的廣播域相同，這種切換稱為子網
內切換；反之，如果切換前後行動節點所屬的廣播域不同，這種切換稱
為子網間切換。同時，行動節點在無線網路覆蓋範圍內行動過程中，從
一種網路接入技術切換到另一種網路接入技術，這種切換稱為技術間切
換。行動節點在無線網路覆蓋範圍內行動過程中，切換前後接入網路屬
於同一種接入技術，這種切換稱為技術內切換。具體來說，假如用戶同
時打開了資料流量和 WiFi 開關，在用戶行動的過程中，可能會頻繁地進
行垂直切換；假如用戶在兩個小區邊沿附近，可能會頻繁地進行子網間
切換；同時在 4G 訊號較差的情況下，會存在 4G/3G/2G 間的切換。

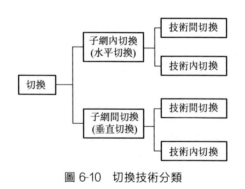

圖 6-10　切換技術分類

　　切換測試根據切換流程分步進行。

　　① 網路感知　行動節點感知附近所有的接入點，獲得這些接入點的
網路狀態資訊。

　　② 切換決策階段　一般分為兩種，集中控制和分布式控制，行動節
點或者切換控制伺服器根據當前網路狀態決定是否初始化切換操作，接

下來根據網路環境以及已有的切換算法做出切換決策，選出最佳的候選接入點。切換決策屬性集一般包括接收訊號強度、切換時延、QoS、用戶偏好以及網路負載均衡等。

③ 切換執行　即行動節點根據上一步獲得結果選擇最佳的候選接入點切換接入。顯然，切換決策是切換管理中的關鍵，因為切換算法的優劣直接影響切換性能以及切換後的網路整體性能。因此，需要對切換算法的優劣進行測試。

④ 評價切換性能　評價指標有平均切換次數（所有行動節點切換次數的平均值）、切換失敗機率（行動節點切換操作失敗的機率）、平均切換時延（所有行動節點從觸發切換操作到完成切換建立新的無線連接所需要時間的平均值，是反映切換算法性能的一個重要指標）、平均吞吐量（所有行動節點每秒發送字節數的平均值）等。

LTE 小區切換測試流程原理如圖 6-11 所示。

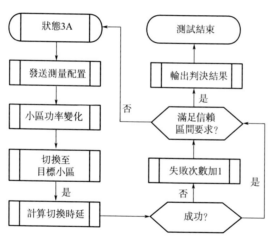

圖 6-11　LTE 小區切換測試流程原理[13]

6.4.3　協議測試

隨著電腦技術的發展、網路應用不斷增加，其對服務品質要求不斷提高，因此作為支撐著網路的基石的協議也在飛速發展中。協議開發的複雜性與難度呈爆炸性成長，然而協議一旦出現錯誤，將會給整個網路系統帶來巨大的危害。協議工程（protocol engineering）由此而被提出。

協議工程採用形式化的方法代替直覺方法來描述協議中的每個活動，

協議開發過程如圖 6-12 所示[9]。透過採用形式化的方法進行協議開發，我們可以有效提高開發的效率，從而加快標準化協議實現的速度，同時極大提高網路軟體的可靠性和降低維護的難度。其中協議測試是協議工程中的重中之重。

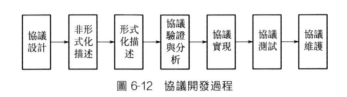

圖 6-12　協議開發過程

　　標準化協議可以有多個不同的具體實現，而要確定這些不同的實現之間是否能夠成功進行通訊，則需要進行協議測試。不同的實現者可能對標準化協議有著不同的理解，從而產生了多種不同的協議實現，其中不乏與標準化協議相背離的情況。而且即使該協議實現是按照標準化協議進行的正確實現，也不能保證不同的實現之間能進行正確的通訊。

　　因此，我們需要對協議進行測試來判別當前協議實現是否按照標準化協議進行了正確的實現，同時進一步檢測當前協議實現與標準化協議之間、當前協議實現與其餘協議實現之間是否是等價的，我們稱這個過程為協議測試。

　　協議測試需要設計一組定義好的測試用例，不需要理解協議的實現原理及細節，只需要在外部觀察被測實現（Implementation Under Test，IUT）的輸出行為並分析測試結果，然後評估協議實現以確定 IUT 的功能或性能是否滿足協議或用戶的要求，因此協議測試屬於黑盒測試。

　　協議測試包括以下四種測試[9]。

　　① 一致性測試　檢查系統是否符合協議規範。

　　② 性能測試　檢測協議實體或系統的性能指標（如資料傳輸率、連接時間、執行速度、吞吐量、並發度等）[10]。

　　③ 互操作性測試　檢測同一協議不同實現版本之間或同一類協議不同實現版本之間的互通能力和互連操作能力[10]。

　　④ 魯棒性測試　檢測協議實體或系統在各種惡劣環境下運行的能力（如頻道被切斷、連續運行、注入干擾報文等）[11]。

6.4.3.1　協議一致性測試

　　協議一致性系統透過模擬網路側功能，提供基於測試和測試控制表

示法（Test and Testing Control Notation，TTCN）的終端測試環境，能夠對終端各層（L1/L2/L3）的協議功能進行全面測試，支持自動化測試功能，能夠即時顯示測試關鍵資訊，自動生成詳細日誌文件及測試報告文件，幫助用戶獲取資料、分析問題，最終協助開發人員保證終端晶片嚴格符合協議標準要求。

協議一致性測試的方法是以協議的標準文本描述為根據，對協議的某個實現進行測試，以此來判別該實現是否與其對應的協議標準相對應。它屬於一種功能性測試。通常利用一組測試案例序列，在一定的網路環境下，對被測實現進行黑盒測試，透過比較 IUT 的實際輸出與預期輸出的異同實現[12]。

隨著 ICT 的快速發展，網路協議日趨複雜，只有符合協議規範的協議實現才有效，因此一致性測試是保證協議實現品質的重要手段[10]。一致性測試已逐漸發展成為測試技術的一個重要分支，因此引起了眾多研究機構的重視，大家專注於一致性測試的研究與發展，並投入大量的人力、物力，取得了一定成果。

（1）協議一致性測試原理

協議一致性測試技術經過多年發展，在很多方面都取得了很大的進展。ISO 在 1990 年代制定了一套國際標準——ISO/IEC 9646[13]（CMTF：一致性測試方法和框架）。該標準描述了一種通用方法，用於測試聲稱已經實現協議標準的產品與其所實現協議的符合程度。同時，中國工業和資訊化部也制定了部分一致性測試標準（YD/T 1251.1—2003）[14]，該標準規定了中間系統到中間系統路由交換協議（IS-IS）的一致性測試方法，包括 Level1 和 Level2 的路由廣播測試，點到點、點到點鏈路測試、IP 認證、OSI 認證以及廣播測試，適用於運行 IS-IS 協議的高低端路由器或其他設備。

ISO/IEC 9646 標準一共分為七個部分：基本概念、抽象測試集規範、TTCN 表示符號語言、測試實現、一致性判定過程對測試實驗室和客戶的要求、協議子集測試規範和協議實現一致性聲明。

一致性的協議實現應該滿足所有在協議規範中表達的一致性要求，而一致性要求所規定的內容是一個符合一致性要求的協議實現應該做些什麼，哪些是不應該做的。通常協議規範的要求可以分為以下三類[15]。

① 必備要求　要求在所有的實現中都是可觀察到的。

② 條件要求　只有當標準中的特殊條件滿足時纔可觀察到。

③ 選擇要求　為協調實現而可以選擇實現的要求，由實現者來選擇。

由於在協議規範中存在大量的可選擇性實現的功能，因此在一個協議實現中這些可選功能可能會也可能不會被實現，導致在實現相同的協議標準時，不同的協議實現可能差別很大。因此協議實現者應向測試方提供所有已實現功能的協議實現的一致性聲明（Protocol Implement Conformance Statements，PICS），以此告知測試人員需要進行什麼類型的測試。

除了上述由 PICS 提供的資訊外，一致性測試還需要被測實現和其測試環境相關的資訊，即協議實現附加說明（Protocol Implementation Extra Information Statement，PIXIT），PIXIT 的作用是提供在測試過程中必須指定的協議參數。PIXIT 是測試集的一部分。

在協議標準中將一致性測試要求分為以下兩組。

① 靜態一致性要求　它指定了網路互連提供的最小功能以及選擇可選功能時要遵循的限制。它指定協議實現應提供的最小功能以及不同可選功能之間的組合和一致性[16]。

② 動態一致性要求　構成協議標準的主體，定義了協議實現和外部環境進行通訊過程中的所有可觀察行為[16]。

因此，與此對應的一致性測試應包括靜態測試和動態測試兩類。

① 靜態一致性測試　將協議實現者提供給測試者的協議實現一致性聲明與協議規範中的靜態一致性要求相比較[17]。

② 動態一致性測試　運行測試集對被測實現進行測試[17]。

協議測試分為三個部分，首先進行單元測試，然後進行集成測試，最後進行系統測試。其中 ISO/IEC 9646 標準建議的測試級別包括以下幾個[13]。

① 基本連接測試（basic interconnection test）　檢查測量的連接是否達到最小連接容量，是否可以接收和發送資料，從而具備進一步測試的條件。

② 能力測試（capability test）　檢查被測實現是否符合靜態一致性要求。

③ 行為測試（behavior test）　檢查被測實現是否符合動態一致性要求。行為測試分為覆蓋性測試（comprehensive testing）和窮盡性測試（exhaustive testing）兩種，覆蓋性測試要求測試序列對被測實現的所有轉化都至少執行一次，窮盡性測試要求對每個轉換的前後狀態的一致性進行檢查。

④ 一致性分解測試　更深一步地對特殊要求的 IUT 進行一致性測試，例如測試非標準性能等。

（2）協議一致性測試方法

在協議一致性測試中，要對 N 層協議間服務和協議單元進行觀察，因此提出控制觀察點（Point of Control and Observation，PCO）的概念。在不同的 PCO 上使用不同的測試方法時，測試執行系統也會是不同的結構。對於一個 N 層協議實現 IUT，可以使用一個叫做測試器（tester）的實體接收和發送服務原語，而 PCO 就是測試器使用的抽象服務訪問點[18]。其中測試器分為上測試器（Upper Tester，UT）和下測試器（Lower Tester，LT）兩種。UT 透過 PCO 與 IUT 交換 N 層的抽象服務原語（Abstract Service Primitives，ASP），LT 透過 PCO 與 IUT 交換 $(N-1)$ 層的 ASP，而 UT 與 LT 之間則是透過 $(N-1)$ 層的另外一個通道來交換測試協同資訊（Coordinated Information，CI）。協議一致性測試方法主要分為四種方法：本地測試法、分布式測試法、協同測試法、遠端測試法[15]。

① 本地測試法　該測試場景是 UT、LT 和 IUT 在同一臺機器中，低層通訊系統不需要支持測試。其中 UT 和 IUT 的介面設在 IUT 的上部，LT 和 IUT 的介面設在 IUT 的底部，透過將 UT 和 LT 集成到同一個系統中，使測試協同過程更加容易實現。使用 LT 和 UT 執行的服務原語來描述測試案例，其中 LT 扮演的是低層服務提供者的角色。本地測試法結構如圖 6-13 所示。

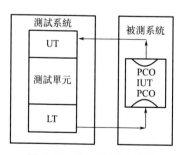

圖 6-13　本地測試法結構

② 分布式測試法　該測試場景是 UT 和 IUT 處於同一臺機器之中，而 LT 設在遠端測試機器中。LT 扮演 $(N-1)$ 層服務使用者的角色，對遠端系統上的 $(N-1)$ 層服務原語進行控制和觀察，本地的 $(N-1)$ 層服務邊界上沒有 PCO。分布式測試法結構如圖 6-14 所示。

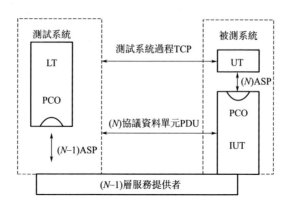

圖 6-14　分布式測試法結構

③ 協同測試法　該測試法與分布式測試法在很多地方都是相似的，區別兩者的最好方法是在協同測試法中引入測試管理協議（Test Management Protocol，TMP）的概念，TMP 主要用於實現 LT 和 UT 之間的測試協同過程。協同測試方法結構如圖 6-15 所示。

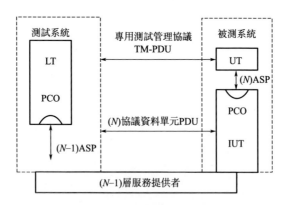

圖 6-15　協同測試法結構

④ 遠端測試法　與其他測試法不同，遠端測試法中沒有 UT，因此也不用考慮 UT 和 LT 的協同問題。遠端測試法是利用（$N-1$）層服務原語和（N）層 PDU 進行測試，用（$N-1$）層服務原語對測試案例進行描述，此方法在無法觀察和控制 IUT 的上下邊界時非常有用。遠端測試法結構如圖 6-16 所示。

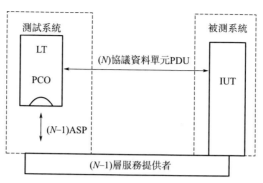

圖 6-16　遠端測試法結構

（3）協議一致性測試例

在協議一致性測試執行之前，協議實現人員應向協議測試方提供協議規範和服務規範，以及由兩者制定的協議實現一致性聲明（PICS），列出協議能夠實現的功能，從而協議測試者能夠知道進行何種測試[19]。另外，在測試之前，還需要提供被測實現 IUT 和測試環境相關的資訊，即協議實現附加資訊（PIXIT）[19]。PIXIT 能夠向協議測試人員提供協議測試時必須要提供的參數，如測試過程中所需要的時鐘、網路通訊的地址等其他資訊。在協議一致性測試中非常重要的兩個步驟是設計抽象測試集（ATS），並根據協議實現的 PICS 和 PIXIT 從 ATS 中選擇合適的測試例，以生成可以在實際測試系統上執行的可執行測試集（ETS）。

目前進行協議一致性測試例的開發主要使用的是基於標準化 ATS 語言的第三代測試和測試控制表示法（TTCN-3）的測試例開發方法。在通常情況下，TTCN-3 用來完成協議一致性測試工作，該語言最大的優勢在於語法清晰、可執行性較高、可並發測試、有較強的匹配機制等，目前已成為通用的測試語言之一。

在基於標準化 ATS 語言的 TTCN-3 的測試例開發方法中，每一個測試集都包含兩個部分，即主測試成分（Main Test Component，MTC）和並行測試成分（Parallel Test Component，PTC），如圖 6-17 所示。

所有的測試例都是基於主測試成分進行定義以及執行的，其中主測試成分的定義包含在每一個測試集中。主測試成分運行完成意味著整個測試例運行完成，此時所有並行測試成分即使仍未完成也都將被終止。在測試過程中可以添加多個並行測試成分，而且並行測試成分能夠被動態創建。

每一個測試集之間的關係是平等的，它們可以根據測試需求被添加到對應的測試集中，其中主測試成分、並行測試成分透過介面進行消息的傳遞與處理。

測試集透過抽象測試系統介面封裝真正的測試系統介面，對被測系統（System Under Test，SUT）展開測試。

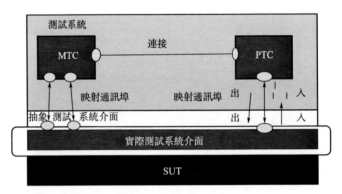

圖 6-17　測試集組成

6.4.3.2　其他協議測試

（1）協議互操作性測試

互操作性測試通常運用於研發階段，對被測實現以及與其連接的其他協議實現之間在不同網路操作環境中是否都能夠成功進行互動進行測試；同時對該被測實現是否完成了協議標準中規定的功能進行測試，若被測設備能夠透過這一系列互操作測試，則說明它可以支持我們所需要的功能。目前對互操作性測試的研究取得了以下具體成果：

a. ETSI TS 102237《互操作測試方法和途徑》；

b. ETSI TS 202237《互操作測試方法》；

c. ITU-T Z. itfm《互操作測試框架和方法》[20]；

d. ISO 正在許多協議簇中增加互操作測試；

e. 中國通訊行業標準 YD/T 1521—2006《路由協議互操作性測試方法》[21]。

互操作性測試通常採用一致性操作和互操作性測試都認可的設備與被測設備進行互操作的測試形式，其系統結構模型如圖 6-18 所示。

圖 6-18　互操作性測試系統模型

一致性測試和互操作性測試都是對協議實現的正確性、準確性等進行測試的必不可少方法，它們可以進行相互驗證、相互補充。

互操作性測試主要是對被測系統中不同設備進行互操作的能力進行測試，但透過互操作性測試不能說明設備就是符合標準的。而一致性測試主要是測試設備是否符合標準，但透過一致性測試不能說明設備之間可以進行通訊以及互操作。因此互操作性測試與一致性測試不能互相取代，它們都是不可缺少的，兩者相互驗證、相輔相成。

（2）協議性能測試

協議性能測試的目的是測試 IUT 在不同負載下的性能。性能測試由用戶執行，與互操作性測試一樣，Tester 既可以是人也可以是軟體程式。

（3）魯棒性測試

魯棒性測試的目的是檢測協議實體或系統在惡劣環境下的運行能力，主要包括切斷頻道、掉電、長時間持續運行、注入干擾報文等。

6.4.3.3　協議測試技術的發展

隨著協議的全面發展，其功能日益複雜，複雜度急劇增加，協議的一致性測試也日益困難。同時，隨著形式化驗證技術的普及，如何提高協議一致性測試的形式化驗證效率將成為一個亟待解決的問題。因此在協議測試中需要解決的關鍵問題可以概括如下。

（1）形式化

形式化是進行協議一致性測試的基礎，它以嚴謹的數學推導為基礎，能夠對協議的功能、性能及行為等進行準確的描述，是使用系統化和自動化的方法進行協議分析、驗證、實現、測試等過程的必要基礎。

（2）研究重點

a. 測試理論的形式化；

b. 抽象測試方法研究；

c. 測試集自動生成技術；

d. 通用測試平臺的研製；

e. 測試控制描述語言與支撐工具的研究等。

6.5 模組化通訊測試儀表

隨著人們對資料通訊需求的不斷成長，無線通訊技術也日趨發展，多種無線標準共存的趨勢日益明顯。這給射頻設計和測試的相關人員帶來了全新的挑戰。在這樣的背景下，需要測試系統靈活面對多種測試環境和測試對象，模組化儀表應運而生。由於大多數的測試儀表都是透過將被測物理量轉變成模擬電量，再透過 A/D 轉換變成數位量。這就意味著，無論待測物理量是什麼，最終都是對數位量進行處理，只是其測量模組不同。這使模組化儀表的實現成為可能。

6.5.1 模組化儀表原理

模組化儀表包括共享的硬體、高速總線和開放軟體，其主要架構如圖 6-19 所示（省略了電源、時鐘、介面等）。其中以軟體為中心，配合模組化的硬體。硬體負責訊號的上下變頻和數位處理，軟體實現測試測量。這樣，工程師不僅可以獲得原始的測量資料、自定義測試需求、完成未包含在廠商硬體系統內的測量，還可以實現多種無線標準的同時測試。

圖 6-19 模組化儀表架構

（1）模組化共享硬體

將儀器硬體按照功能進行劃分，這些具備獨立功能的模組可以重複使用[22]。通常包括數位訊號發生器/分析器、任意訊號發生器、數位萬用表、數位示波器、射頻（RF）訊號發生器、射頻（RF）訊號分析器、開關陣列、動態訊號採集卡等。模組化降低了測試儀器的開發成本，同

時使快速搭建儀器變得可能。

（2）開放軟體

軟體是模組化儀表中最重要的部分，它透過確定的算法將來自硬體的資料流轉變成測試結果並在介面上視覺化。工程師可以利用軟體對儀器進行配置，完成特定的測量任務。相同的儀器硬體，透過開發不同的應用軟體，用戶可以進行自定義測量，完成不同的測試功能，因此能夠及時測試和仿真最新的協議標準，實現多種無線標準的同時測試，適應不斷變化的測試需求。軟體上可以用多次測量和統計平均的方法消除系統噪音的影響，並能改建、拆散和重建系統。軟體主要包括通用化的底層驅動軟體、模組化的測試軟體和測試資料視覺化軟體。

透過應用軟體將電腦和模組硬體結合，模組化儀表相比傳統的儀器具有以下特點。

① 以軟體模型代替硬體　透過軟體實現了傳統儀器中由硬體實現的部分功能，使測試系統的硬體大大簡化，降低了測試成本。

② 擴展性強　當儀器模組損壞或者更新測試功能時，只需在原有系統上更換或增減儀器硬體模組和軟體模組，以較小的成本快速完成。

③ 即時性較差　模組化儀表並非十全十美。軟體處理需要藉助數位訊號處理技術，而數位訊號處理和儲存帶來了時延，犧牲了即時性。

6.5.2　模組化儀表實現

無線通訊的媒介是無線頻道，5G/4G/3G 等行動通訊制式都有特定的無線頻道模型。為了降低儀表的成本和擴展適應性，無線頻道模擬器必須採用模組化共享硬體、開放的軟體和高速總線完成對不同制式對應的無線頻道的模擬。因此頻道模擬器是模組化儀表實現的典型樣例。

無線頻道模擬器需要綜合考慮多徑、時延、都卜勒、時變快速衰落、空間相關性等頻道傳播效應，需要完成複雜的數位訊號處理算法，算法複雜度較高，資料源速率高達 Gbps 級，待處理資料量巨大。另外，由於頻道模擬需要連續不間斷處理且有系統最小時延要求，而且多徑間的時間解析度為奈秒級的時間精度要求，因此，對數位訊號處理算法的複雜度及其實現的即時性提出了嚴格的限制。

因此，頻道模擬單元（Channel Emulate Unit，CEU）採用擅長並行處理的高性能 FPGA 晶片為基礎設計，如圖 6-20 所示[23]，基於儀器與測試高級電信運算架構的擴展（Advanced TCA Extensions for Instrumentation and Test，AXIe）架構的 CEU 主要包括了 4 片高性能的

FPGA 及一片 DSP 用於基頻訊號處理，運行底層訊號處理算法。

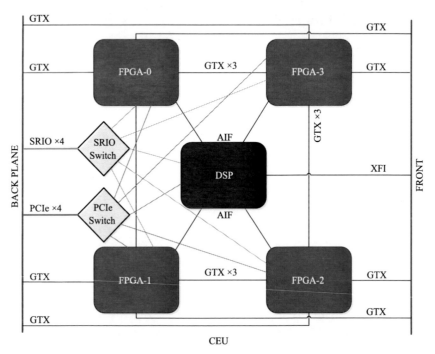

圖 6-20　頻道模擬單元設計[23]

模組化頻道模擬器關鍵的技術要點包括以下幾個。

（1）同步控制

同步控制功能需要實現射頻、基頻間多條通路間的同步。在頻道模擬中，尤其是 MIMO 頻道模擬時，要求各個邏輯頻道總是保持精確的時間同步，否則頻道模擬將失去其建模基礎。同步控制功能透過外部參考鐘、外部 Trigger 訊號以及高速基頻訊號中的信標訊號進行同步判斷及邏輯頻道整體時延調整，最終保證基頻部分各個邏輯頻道間嚴格的時間同步。

（2）增益控制

增益控制功能用於頻道模擬中各個邏輯頻道的整體增益控制。邏輯頻道中每條徑的增益由頻道衝擊響應（CIR）幅度控制；而增益控制功能對整個邏輯頻道增益進行控制，其主要目的是保證最終頻道模擬始終在有效動態範圍內進行計算。

（3）相位控制

相位控制用於各個頻道模擬通訊埠的相位調整，其主要目的是在進行 OTA（Over The Air）、波束賦形等測試時，依據校準相位值對基頻通道進行相位補償，也可用於波束賦形頻道模型的相位配置實現。

（4）頻道捲積

頻道捲積功能實現輸入訊號和 CIR 係數的捲積，主要由乘法器構成。頻道捲積的重要功能是將依據 Doppler 頻率儲存的 CIR 進行非整數插值至訊號採樣速率，保證頻道捲積能夠以簡單的相同速率訊號相乘實現。此過程中需要考慮定速率插值、變速率插值、多項濾波器等多種數位訊號處理方法的結合。

（5）基頻路由

基頻路由功能負責射頻資料和基頻訊號處理器之間的路由工作，實現基頻頻道模擬的分布式訊號處理。

6.6　通訊測試自動化

6.6.1　雲端測試

雲端運算技術備受各個行業的關注。以行動 APP 的測試為例，中中國外多家公司建立了雲端測試平臺，如國內就有百度 MTC（行動雲端測試中心）、阿里 MQC（行動測試平臺）以及騰訊公司的優測等，這些平臺可為開發者提供自動化測試，包括軟體兼容性測試、功能測試、性能測試等。可以預見，行動通訊領域的相關測試也將向著雲端測試的方向發展。這是由於一方面行動通訊發展迅速，通訊標準推陳出新，通訊測試的市場需求與日俱增。而傳統測試儀器固件中沒有定義的測試以及新標準的測試就難以執行，或者當要求變化時難以對系統進行修改。另一方面，傳統的終端測試方案投入巨大，不僅需要購置大量價格昂貴的測試儀表，還需要配備大量相關的測試人員，同時測試系統群的管理也非常煩瑣及複雜。雲端測試可以充分利用電腦集群的硬體資源來加速測試過程，並且降低了測試成本，使測試更加集約化和規範化。

通常雲端測試平臺由客户端、伺服器群和集成工具三個部分組成[24]，如圖 6-21 所示。終端測試儀表透過網路經由集成工具連接到測

試平臺,可以同時支持多個用戶在線測試。其中各個子系統的功能如表 6-3 所示。

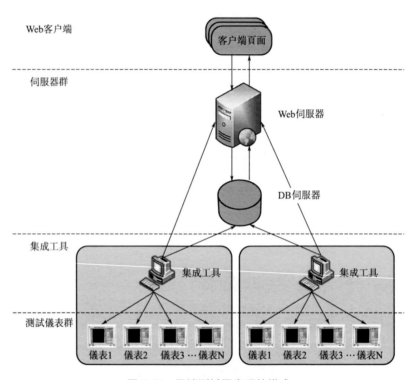

圖 6-21　雲端測試平臺系統構成

表 6-3　雲端測試平臺子系統功能

子系統	模組	功　　能
Web 客户端	網頁客户端	用户可以在任意一臺聯網的 PC 端提交測試任務,查看測試結果
伺服器群	Web 伺服器	基於 S2SH 框架的網頁伺服器,響應用户的請求
	DB 伺服器	資料庫,存放用户資料和測試結果
集成工具	集成工具	連接網路及測試儀表,轉發各種上下行測試資料,控制測試儀表完成測試,並返回測試資料

根據終端測試平臺系統的功能需求,平臺劃分為四個功能模組:系

統配置及初始化、用戶管理、測試儀表管理和測試任務管理。系統功能
模組構成如圖 6-22 所示。

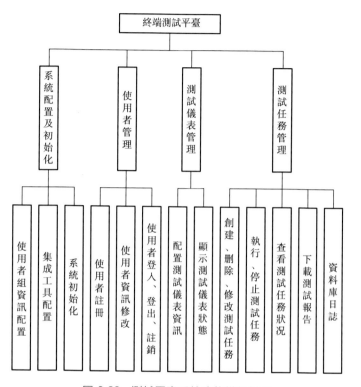

圖 6-22　測試平臺系統功能模組構成

　　系統配置及初始化主要包括：管理員透過網頁客戶端使用 Root 帳號
登入系統進行用戶組資訊配置；透過集成工具配置介面進行與伺服器連
接的配置。系統透過初始化進入工作狀態。

　　用戶管理主要包括新用戶註冊、已登入用戶修改用戶資訊、用戶登
入、登出、註銷等。

　　測試儀表管理主要包括：用戶在測試儀表使用前，將測試儀表 IP、
功能列表、所屬集成工具 IP 等資訊配置到資料庫。用戶透過頁面編輯測
試儀表狀態，頁面上顯示測試儀表當前狀態——儀表故障、已分配測試
任務和未分配測試任務三種狀態。

　　測試任務管理主要包括：已登入用戶可以創建測試任務，在頁面上
刪除用戶所屬的測試任務以及修改該用戶未執行的測試任務資訊；透過

網頁將測試任務分配至測試儀表，控制測試任務的執行和停止；根據權限查看所屬用戶的測試任務情況，下載測試報告。同時伺服器將對資料庫的指定操作記錄在資料庫日誌中，包括用戶登入相關資訊和資料庫內容修改的相關資訊。

透過以上功能模組，雲端測試系統可以按照業務流程進行測試任務。測試任務執行時序圖如圖 6-23 所示。

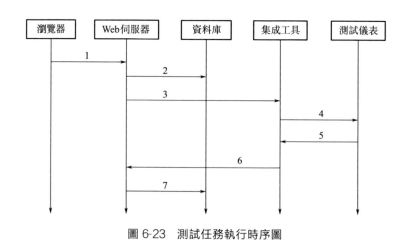

圖 6-23 測試任務執行時序圖

a. 被測終端連接完畢且參數表本地調試正常後，用戶透過網頁控制測試任務執行，瀏覽器將執行測試任務的命令發送至 Web 伺服器。

b. Web 伺服器收到執行測試任務命令，查詢資料庫獲得該測試任務的資訊。

c. Web 伺服器根據測試任務中指定測試儀表資訊，查詢該測試儀表所屬的集成工具 IP，將測試任務分配至該集成工具；同時將該測試儀表在資料庫中的狀態標識為「占用」，並且修改該測試任務的狀態標識為「正在執行」。

d. 集成工具收到 Web 伺服器執行測試任務的命令，根據其中包含的指定儀表的 IP 資訊，將測試任務發送給集成工具核心程式，集成工具核心程式解析測試任務，並根據測試任務內容控制測試儀表執行測試例。

e. 測試例執行後，測試儀表將結果回饋給集成工具核心程式。

f. 集成工具將測試結果發送至伺服器。

g. 伺服器將測試結果寫入資料庫，並根據情況更新測試任務狀態

（完成與否）。

6.6.2　總線控制技術

在智慧製造領域中，常常涉及資料採集與監控、機械狀況監視、過程監控和產品測試，可以透過總線介面對測試儀器的各項功能進行自動控制，如圖 6-24 所示。

圖 6-24　總線介面對測試儀器的控制

電腦透過總線與測試儀器建立連接，屏蔽平臺軟硬體內部通訊協議、資料結構等。總線技術在自動化測試系統的發展過程中起著十分重要的作用。其中總線包括通用介面總線（General Purpose Interface Bus，GPIB）、總線在儀器領域的擴展（VMEbus eXtensions for Instrumentation，VXI）、PCI 總線在儀器領域的擴展（PCI eXtensions for Instrumentation，PXI）和儀器與測試高級電信運算構架的擴展（Advanced TCA eXtensions for Instrumentation and test，AXIe）等。

（1）GPIB 總線

GPIB 總線也稱為 IEEE 488 總線，其源頭可追溯到 1965 年，但至今還作為通用介面標準廣泛應用在電子測量設備的遠端控制上。目前大多數電子測量設備幾乎都配備有 GPIB 介面。可以說正是 GPIB 總線的出現揭開了「自動化測試」的序幕。

GPIB 總線是一種並行的總線，包括 8 條資料線、5 條控制線、8 條地線，採用比特並行、字節串行的雙向異步通訊方式。傳輸速率一般為 250～500kbps，最高可達 1Mbps。介面系統內儀器數目最多不能超過 15 臺，並且 GPIB 系統所使用的電纜總長度小於 20m。

GPIB 總線具備很多優點，其簡單易實現，並且具有標準化硬體介面——許多臺式儀器都裝配有介面。通常連接多個設備到一個控制器。

但是 GPIB 電纜的可靠性較差，相比更現代的介面，其頻寬比較低，由於每個測試儀器的設備都有自己的指令集，這使編程使用 GPIB 更費時、昂貴和複雜。因此實際測試系統中需要綜合考慮所有的優點和缺點，

除了設備成本還需考慮時間成本。

(2) VXI 總線

VXI 總線吸取了 GPIB 總線技術的一些經驗，作為一種開放式儀器結構標準，VXI 總線以其優越的測試速度和可靠性，吸引了許多儀器生產廠商都參與其中，因此 VXI 總線自動測試系統得到迅速推廣。

相比 GPIB 的低速率，VXI 是一種 32 位並行總線，理論上最大傳輸速率可達 40Mbps。VXI 總線規範是一個開放的結構標準，通用性強，兼容 GPIB 總線，使各個廠商的產品可以混合使用。因此 VXI 總線被稱為新一代儀器介面總線，標誌著測量和儀器系統進入一個嶄新的階段。

(3) PXI 總線

PXI 結合了外圍組件互連（Peripheral Component Interconnection，PCI）的電氣總線特性，此外增加了堅固的 CompactPCI 機械外形，用於路由同步時鐘的集成時序和同步，並在內部觸發。PXI 是一種面向未來的技術，旨在隨著測試、測量和自動化要求的變化而簡單快速地重新編程，支持 32 位或 64 位資料傳輸，PXI 結構緊湊、系統可靠穩定且價格優勢明顯。

PXI 是目前使用的幾種模組化電子儀器平臺之一，其規範由 PXI Systems Alliance 組織維護，被用作構建電子測試設備、自動化系統和模組化實驗室儀器的基礎。PXI 基於行業標準的電腦總線，可以靈活地構建設備。通常模組都配有客製軟體來管理系統。PXI Express 是 PCI Express 對 2005 年開發的 PXI 外形的一種改進，將每個方向的可用系統資料速率提高到 6Gbps。PXI Express 還允許使用混合插槽，兼容 PXI 和 PXI Express 模組。在 2015 年，NI 將標準擴展到使用 PCI Express 3.×，將系統頻寬提高到 24Gbps，從而適用於更多新興的測試應用領域。

(4) AXIe 總線

儀器與測試高級電信運算構架的擴展（AdvancedTCA eXtensions for Instrumentation and test，AXIe）是由 Aeroflex、安捷倫科技和 Test Evolution Corporation 創建的模組化儀器標準，是在 PXI 標準、LXI 標準和 IVI 標準的基礎上制定的、針對測試應用的系統架構。AXIe 是以 AdancedTCA 為基礎的大型電路板的開放式系統體系結構，是高性能儀器的理想選擇。

參考文獻

［1］ 陳後金，薛健，胡健. 數位訊號處理. 北京：高等教育出版社，2012：214-215.

［2］ 3GPP TS 36. 104 V14. 3. 0. Base Station（BS）radio transmission and reception, Mar. , 2017.

［3］ 3GPP TS 36. 521-1V 14. 2. 0. Evolved Universal Terrestrial Radio Access（E-UTRA）; User Equipment（UE）conformance specification; Radio transmission and reception;Part1: Conformance testing, Mar. , 2017.

［4］ 張浩，葉梧，馮穗力，等. 基於 LS 的 OFDM 零中頻接收機 IQ 不平衡數位補償技術. 電路與系統學報，2005，（2）：91-94.

［5］ Landstrom D, Wilson S K, J. J. van de Beek, et al. Symbol time offset estimation in coherent OFDM systems. 1999 IEEE International Conference on Communications（Cat. No. 99CH36311），Vancouver, BC, 1999, vol. 1: 500-505.

［6］ 摩爾實驗室. LTE 終端 RRM 一致性測試小區重選介紹.

［7］ 3GPP TS 36. 521-3 V14. 2. 0. Evolved Universal Terrestrial Radio Access（E-UTRA）; User Equipment（UE）conformance specification; Radio transmission and reception; Part3: Radio Resource Management（RRM）conformance testing, Mar. , 2017.

［8］ 3GPP TS 36. 133. Evolved Universal Terrestrial Radio Access（E-UTRA）; Requirements for support of radio resource management, Jul. , 2015.

［9］ 謝昊飛. 協議測試概述. https: //wenku. baidu. com/view/bf69d4c60066f5335b81219f. html

［10］ 張穎蓓. LDP 協議一致性測試研究與實現[D]. 長沙：國防科學技術大學，2003.

［11］ 畢軍，史美林. 電腦網路協議測試及其發展. 電信科學，1996（07）：51-54.

［12］ 落紅衛. 協議測試技術分析—— 一致性測試與互操作測試 [J]電信網技術，2007（03）：58-60.

［13］ ISO/IEC 9646-1: 1994. Information technology—Open Systems Interconnection—Conformance testing methodology and framework—Part 1: General concepts.

［14］ YD/T 1251. 1-2003. 路由協議一致性測試方法——中間系統到中間系統路由交換協議（IS-IS）.

［15］ 肖冰. 協議一致性測試系統的設計與實現[D]. 北京：北京郵電大學，2015.

［16］ 崔厚坤，湯效軍，梁志成，等. IEC 61850 一致性測試研究. 電力系統自動化，2006（8）：80- 83+ 88.

［17］ 朱琴躍，陸曄祺，譚喜堂，等. 列車用 CAN 協議一致性測試平臺的設計與實現. 電腦應用，2014，34（S2）：59-62.

［18］ 顧芒芒. 行動自組織網路協議一致性測試方法研究[D]. 杭州：浙江理工大學，2016.

［19］ 鄭紅霞，田軍，張玉軍，等. IPv6 協議一致性測試例的設計. 電腦應用，2003（4）：62-64.

［20］ ITU-T Z. itfm. Interoperability testing

framework and methodology.

[21]　YD/T 1521—2006. 路由協議互操作性測試方法.

[22]　NI 公司. 設計下一代測試系統的開發者指南.

[23]　馬楠，陳建僑. 5G 頻道模擬器關鍵技術及實現. 通訊世界, 2017（18）: 46-47.

[24]　張珂，馬楠. 基於 S2SH 框架的終端測試平臺的研究與實現. 軟體, 2016, 37（8）: 74-80.

資訊通訊技術與智慧製造

編　　著：馬楠，黃育偵，秦曉琦

發 行 人：黃振庭

出 版 者：崧燁文化事業有限公司

發 行 者：崧燁文化事業有限公司

E-mail：sonbookservice@gmail.com

粉 絲 頁：https://www.facebook.com/
　　　　　sonbookss/

網　　址：https://sonbook.net/

地　　址：台北市中正區重慶南路一段六十一號八
　　　　　樓 815 室

Rm. 815, 8F., No.61, Sec. 1, Chongqing S. Rd.,
Zhongzheng Dist., Taipei City 100, Taiwan

電　　話：(02) 2370-3310

傳　　真：(02) 2388-1990

印　　刷：京峯彩色印刷有限公司（京峰數位）

律師顧問：廣華律師事務所 張珮琦律師

國家圖書館出版品預行編目資料

資訊通訊技術與智慧製造 / 馬楠,
黃育偵, 秦曉琦編著. -- 第一版. --
臺北市：崧燁文化事業有限公司,
2022.03
　面；　公分
POD 版
ISBN 978-626-332-115-1(平裝)
1.CST: 無線電通訊業 2.CST: 通訊
產業 3.CST: 產業發展 4.CST: 中國
484.6　　111001500

電子書購買

臉書

定　　價：380 元

發行日期：2022 年 03 月第一版

◎本書以 POD 印製